福島原発作業員の記

池田 実

八月書館

福島原発作業員の記　目次

＜序章＞私を変えた3・11

私の3・11

二〇一一年三月一一日、私は東京の郵便局で配達の仕事をしていた。午後二時半過ぎ外務作業を終えて局に戻り、やれやれと二階の事務室の椅子に腰をかけたとたん、グラリと床が大きく揺れ始めた。物が落ちる音、同僚たちが叫ぶ声がフロアじゅうに響く。横揺れが激しく、椅子も大きく揺れ、思わず机にしがみついた。隣の席では、ヘルメットをかぶり机の下にもぐりこむ者もいる。仕分け中のハガキも落ちてきた。

小学校時代に新潟地震を東京で体験したことがあるが、そんな比ではない、生まれて初めての大地震である。「この世の終わりか」と一瞬思ったくらいだった。下から突き上げるような地震は震源地が近いということは知っていたが、この地震はそうではない。ゆらゆらと地面が大きく横に動き続け、なかなか収まらないのだ。ということは、どこか東京から離れた場所で大きな地震が起きていると直感した。いつまでも揺れる上半身に、不安は増殖する。

これが、これからの自分を変える事件となるという漠然とした予感がその時あったのを覚えている。そう、日本はあの日からガラリと変わってしまったのだ。

放射能雲の下、カッパを着て配達

その後の数日は嵐のように過ぎていった。当日、東京では電車がストップして「帰宅困難者」が続出した。私はどうにかバス二本を乗り継いで、深夜に帰宅できたものの、郵便局の同僚の中には交通手段がなく休憩室で一夜を過ごした者も多くいた。翌日も、翌々日も電車の運行は混乱し、出勤、退勤も大混乱、テレビや新聞を落ち着いて見る余裕もなく、大変なことになっているということしか頭になかった。ただ、テレビを見ていた連れ合いが「福島原発が危ない」と教えてくれた瞬間、まさかという思いが胸をよぎった。

その数日後、私は冷たい雨の中、カッパを着て配達作業をしていた。ある会社の事務所で書留郵便を渡した時、顔なじみの女性事務員さんから「大丈夫ですか」と声を掛けられたことがあった。一瞬何のことか、と怪訝な顔をしたのだろう、「放射能ですよ」と言われてハッとした。原発から二〇〇キロ以上離れているはずのここ東京にまで放射能の「黒い雨」が降ってきているのかと。数日前テレビに映った福島第一原発の原子炉建屋が爆発する映像が脳裏をかすめた。その事務員さんには前日、「福島の会津若松には、小包は届くでしょうか」と聞かれ、「たぶん届くでしょう」といいかげんな返答しかできなかったのだ。聞けば、彼女の実家は会津若松市内だという。連日繰り返される放射能拡散の報道に、福島の家族のことが心配でいたたまれなかったのだろう。

報道で避難指示区域が広がっていくのを聞いて、放射能汚染が東京にまで拡大しているかもしれないと、ずぶ濡れの外務作業員の私の姿を見て心配してくれたのだった。事実、その予感が的中していたことをずっと後から知ることになる。この三月一五日、私が雨に濡れながら配達作業をしていたまさにその時、北風に乗って福島第一原発から大量の放射能雲が東京上空にまで流れ着いていてきていたのだ。

その時思ったのは、東京の郵便屋でも外務作業に不安を抱くくらいだから、現地福島の仲間たちはさぞかし心配しながら毎日配達しているのではないかということ。郵便屋の宿命と言ってしまえばそれまでだが、雨や雪が降っても毎日外で配達に従事している以上、一般の人より多く汚染されるリスクがつきまとうのではないかという心配だった。

計画停電と福島

3・11後、私の住んでいる東京でも、電力不足を理由として「計画停電」が実施されることとなった。職場でも、埼玉県に住んでいる同僚が、「昨日の夜は計画停電でエレベーターが止まっていて八階まで階段を登るはめになった。上で見たら通りの向かいの町は明かりがついている。どういう区切りをしているんだろうねえ」と不満をもらしていた。配達先のマンションのエレベーターの脇でも「計画停電のお知らせ」という自治会の貼り紙があり、不安をあおった。結局、東電のお膝元東京二三区では荒川区と足立区だけが計画の対象となり、「不公平だ」という声が上がっていたくらいだったが。

恥しい話だが、私はそれまで福島原発で作った電気が東京にまで送られていることを知らなかったのだ。新潟の柏崎刈羽原発が東京にまで電力供給していることはわかっていても、東北にある福島原発は東北電力の女川原発と同系列だと漠然と認識していたのである。無知というしかないが、事故後東京の住民からも同じような声を聞いたのだから、おそらく福島は一般の東京人にとってそのように遠い存在でしかなかったのではないか。悲しいことではあるが、３・11によって福島は東京にとってグッと身近な存在になったのだ。そう、私にとってもあの時から福島は頭の隅からずっと離れない存在になっていった。

福島の郵便局では

３・11後、東京でもしばらく混乱の日々が続いていた。現地の生々しい被害状況が明らかになるにつれ、配達作業をしていても気持ちは穏やかになれない。配達先でもお客さんから、「福島に郵便は届くでしょうか」という質問をよく受けることもあり、現地の情報に神経を尖らせる日々が続いた。あのような大地震に仕事中遭ったらどうすればいいのだろう、もし再び原発が爆発して首都圏にも放射能雲が飛来したらとも考えたりした。

実際、郵便局関係では、3・11当日東北三県で六一人におよぶ死亡・不明者を出していた。休みで在宅中被災した人もいたが、勤務中に地震・津波に遭遇し命を落とした人も少なくなかった。外務作業に従事する者にとって、こうした緊急時の備えは日頃から欠かせないことだと痛感するが、現実は私の勤務する郵便局でも大災害に対処するようなマニュアルなど見たこともないし、避難訓練なども一回も行ったことはないというのが実状だった。実際3・11の時も管理者はうろたえるばかりで、社員から「避難指示を早く出せ」と迫られて、初めて近くの公園に避難するようマイクで指示したくらいである。

あの時、福島の仲間はどうしたのだろうか。仲間の手記から紹介する。

振り向くと津波、赤バイクのアクセル全開で逃げた

大きく長い揺れだった。この地震ならこの後かなりの津波が来るだろうとは思った。でもある意味「タカをくくっていた」。今持っている郵便もう一束でこの集落が終わる、瞬時に「仕事」か「逃げる」かを悩み、仕事をとった。いやな予感がした。持っていた一束を配達した時点で「区切りまで」をまた悩み、高い所に向かうことにした。道は大渋滞、この田舎のどこにこんなに車があったのか？　バイクの利点と裏道、抜け道を知りつくしていたことが幸いした。振り向くと津波が見えた。驚くほど高いし速い。人が、車が、家が呑みこまれていく。迫りくる恐怖、「逃げろ」「急げ」「上がれ」怖くて振り向けないが間違いなく津波が迫っている。アクセル全開のはずが進まないバイク。ようやく勾配が急になるところまできたが安心できない。かなり上がってバイクを止めた。下を見るとまさに地獄絵図、あらためて足がすくむ。あとで考えれば助けに戻るべきだったかもしれないが一歩も動けなかった。波が引いた後も第二波、第三波が怖くてかなりの時間動けなかった。（外務員W）

その日、福島県浪江町《なみえまち》の海沿いに建つ請戸《うけと》郵便局では、郵便や貯金の窓口業務をしていた女性社員一人が殉職、もう一人の男性社員は現在も行方不明のままだ。

女性社員の遺体は局近くで二週間後に発見された。一方、郵便局から五〇〇メートルほどしか離れてない請戸小学校ではその日生徒全員が避難して無事だった。以前同じ職場で働いたことがある同僚は、「なぜ郵便局だけが」という無念がぬぐいきれないと言う。大津波の緊急警報を聞いて、海岸近くの郵便局に勤める娘の安否を心配したお母さんが「早く逃げたほうがいい」と彼女にメールしたが、返ってきたメールは「上からまだ指示が来ない」というものだった。結局、それが最後のメールとなってしまった。元同僚は、もし自分が彼女の立場だったらと今でも思う。防災無線で警報が流れても、現金、切手、個人情報、ＡＴＭ機器などの締めがあるため持ち場をすぐ離れることができただろうかと。

当日、局長が休みのため急きょ応援派遣されていた行方不明（震災後四年現在）の男性社員（四一歳）にしても、慣れない局でどう動けばいいのか判断しづらい状況ではなかったか。残された家族のもとに、郵便局関係の人が訪問し手を合わせたのは、事故から四年も経ってからだった。家族は「殉職というのに放置された。一回か二回でもいいから一緒に捜索するぐらいのことがあってもいいはず。会社の冷たさを感じます」と語ったという。

配達員もそうだが、緊急災害時の判断は最終的に個人にゆだねられる。「あと一〇分で締める」「あと一束配れば」という判断が命取りにつながることも十分にあるのだ。「仕事より命」、放棄と避難は違うという日ごろからの教育と避難マニュアルなどがあればと悔やまれてならない。

安全性が確認されたと業務再開

福島県内の郵便局は３・11で大きな被害を受けた。直接的な建物の損傷を受けず業務可能な事業所でも、郵政本社は放射能汚染を警戒して「天候により」外務作業の可否を所属長の判断とさせていた。第一原発の水素爆発直後の三月一五、一六日には全員待機の指示が出されたほか、それ以降の雨天時には配達業務を中止させる措置をとった。福島県に近い宮城県南部では外務作業後、雨合羽を回収し洗浄する措置がとられたという。

ところが三月二三日、郵政本社は屋内退避要請以外の地域での業務再開を指示する。その根拠として会社は、「原子力安全委員会から避難・屋内退避区域外でも雨に濡れても健康に影響を及ぼさないとの見解が示されるなど安全性が確認され」たとした。これ以降、支店長による「理由なく出勤しない者は無断欠勤だ」というような言動が出始める。

三月二三日に出された「福島原子力発電所の避難指示エリアにおける日本郵政グループの業務運営の考え方」を見ると、郵政本社の人命軽視の姿勢に疑問を抱かざるを得ない。「基本的な考え」として、「社員の人命を最優先に考え対応するとともに、当該地域における他の企業動向を把握し、ユニバーサルサービスの確保の観点から対応する」とし、「長崎大学医学教授であり、放射線影響等の権威」と紹介する山下俊一氏の講演内容と記者会見内容を二つも引用している。

その内容は、「いわき市における放射線測定値は健康に影響を与えない極めて低い数値で推移しており、まったく安全で雨の日に外出し濡れたとしても健康に影響を与えません」（三月二〇日いわき市での講演）。「一時間あたり二〇マイクロシーベルトの放射線が降り注いだとしても人体に取り込まれる量は約一〇分の一、二四時間受け続けたとしても約五〇マイクロシーベルトにしかなりません。世界中には一年間に一〇ミリシーベルトや五〇ミリシーベルトの被ばくを自然界から受ける地域があり、その環境下に住んでいる方々でも、将来ガンになるリスクは、他の地域の方と全く変わりません」（三月一九日記者会見）というものであった。

一方、「福島県知事から総理大臣あての緊急要請書」（三月一六日）の引用「物流を担う事業者の皆さまには地域の実態をご理解いただき、ご協力をいただきますよう心からお願い申し上げます」、官房長官記者発表の引用「屋内退避の出ている地域においても、当該地域の屋外で一定の活動をしても、それが直ちに人体に影響を及ぼすような数値ではありません。過剰な反応をすることなく、しっかりと地域の皆さんに物流で物を届けていただきたい」（三月一六日）も資料として添付している。

郵政本社「雨に濡れても健康に影響を及ぼさない」

文書が出された三月二三日といえば、四号機が爆発してまだ八日しか経過していない時期、当時メルトダウン事象も発表されておらず、「健康に影響を及ぼすレベルではない」と断定する根拠などなかったはずである。まさに放射性物質が拡散している最中の緊迫した時期で、モニタリング体制も整備されてはおらず、一体どの地域にどれだけ降り注いでいるのか専門家でも把握できなかったはずなのに、一律「大丈夫」としているのにはあきれる。ましてホットスポットとして三〇キロ圏外でも飯舘村《いいたてむら》のような高レベルの線量が出る地域があることなど、この時点ではあまり知られてなかったはずである。

しかし、郵政本社は「安全性が確認されている」と屋外業務再開を指示した。おまけに「健康に及ぼすレベルではない」との文言を、郵政は「健康に影響を及ぼさない」と言い換えている始末。外務員の場合、一般人に比べて長時間の屋外作業である上に、側溝や軒下等の放射能値の高いポスト周辺での作業による被ばく、さらに降雨時、積雪時、砂塵等での無防備に近い作業実態等を加味すれば、その積算量は一般よりだいぶ多くなると思われるのに、いち早く「安全宣言」を出したのである。

さらに見逃せないのは、この郵政の「参考資料」を受けて「専門的見地における公的機関の見解」としてこの郵政文書を何の検証もなく同日に了承し、組合員を無防備なまま屋外作業にさらすことに協力した郵政最大労組のＪＰ労働組合である。今回の原発事故で問われているのが、この「専門的見地」や「公的機関の見解」という「神話」ではなかったか。かつて前身の全逓労組が合言葉のように説いた「安全なくして労働なし」というスローガンはどこに行ってしまったのであろうか。事故後の六月の全国大会では、組合員からの「脱原発を組合として掲げよ」という要求にも、ＪＰ労組本部は「原発論議はしない」と突っぱねたのだった。

再開した飯舘郵便局は一か月後に閉鎖

三月二三日の郵政本社による「安全性が確認された」という指示により、原発二〇キロ圏外にある福島県内の他の郵便局支店・配達センターは一斉に業務再開となり、外務員は以前のように出かけていった。第一原発から北西に四〇キロ近く離れた飯舘郵便局でも、業務は再開されていた。

三月一二日の一号機爆発を皮切りに三号機、四号機が爆発すると、飯舘村には周辺の市町村から次々と避難民が押し寄せた。山陰で放射能から身を守れると思ったのだろう、避難民は一時期、千五百人から二千人にのぼり、学校の体育館などに宿泊した。だがその時、文科省や福島県が村に設置したモニタリングはいずれも高い数値を示していた。三月二三日、原子力安全委員会は緊急時迅速放射能影響予測ネットワークシステム（ＳＰＥＥＤＩ）によるシミュレーションを発表、図ではやはり北西方面に汚染地帯が伸びていた。飯舘村は原発から三〇キロの屋内待避圏の外側で、圏内はむしろそれよりも低い値だったのである。二〇、三〇キロの同心円状の線引きが、実態を反映していないことは明らかだった。

郵政本社が業務再開を指示した一か月後の四月二二日、ようやく国の「計画的避難区域」指定が出され、飯舘郵便局は再び閉鎖となる。

こうして丸一か月間、飯舘郵便局をはじめとする周辺二〇キロ圏外の外務員は毎時五〇マイクロシーベルト超を計測することもあった飯舘村やその周辺で、雨の日も、土埃舞う風の日も、赤いバイクに乗って走り続けたのだ。「安全性が確認された」という郵政本社の言葉を信じて。

「ここにいたら殺される」と退職

郵政本社は避難している社員の意向調査を四月下旬から開始し、県外勤務希望も含め個人の意思を尊重するとした。しかし四月二二日に三〇キロ圏内の屋内退避地域が緊急時避難準備区域となり、川内《かわうち》村の一部や広野町、原町が退避解除となったため、当該職場に勤務していた社員らに出勤要請が行われた。川内集配センターでは、二〇キロ沿いの地域を配達することに対して、社員は異口同音に「行きたくない」と言ったという。若い社員の中には、不安そうな顔で「行きたくない。行きたくない」と繰り返していた者もいたが、最後は管理者の説得に応じて川内に行くことになった。

五月二〇日に県外希望者の異動発令が行われた。職場を奪われた社員たちは、それぞれ苦渋の選択をして、遠くは青森、広島、東京や新潟などの新しい勤務先に向かった。家族別居を余儀なくされたケースも少なくなかった。

第一原発を管内に持ち、原発事故で閉鎖された大熊郵便局では、働いていた期間雇用社員一四人のうち、半年後の九月末時点ですでに半数の七人が退職した。異動という形で仕事は保障されても、故郷から遠く離れ、環境もまったく違う地方での集配仕事がプレッシャーとなったことは想像にかたくない。正社員には支給される住宅手当もなく、低い労働条件は変わらず将来不安も増す。いくら雇用保障されたとはいえ、あえて郵政にこだわる理由がなかったのかもしれない。3・11は若い期間雇用社員の人生も大きく変えてしまったのだ。

一方、退職していった期間雇用社員は県外異動者だけではなかった。県内の近隣支店に異動した、ある若い期間雇用社員は、「放射線の強いなか、自転車で配達させられた。ここにいたら殺される」と言って辞めていったという。生活より命が大事と自ら決断したのだろう。

福島に行く

原発事故から半年が過ぎ、夏の電力不足が懸念された東京でも計画停電を実施することもなく、街は元の喧騒を取り戻したようだった。だが、福島で原発事故によりふるさとを追われた住民が何十万人もいる現実は、私の心の中に澱のように沈殿していた。東京のためにずっと電気を送り続けてきた福島、私たちの生活は彼の地の犠牲によって成り立っていたのだ。申し訳ない、何かしなければと贖罪に似た思いが募る。まず現地をこの目で見てみようと思い立ち、一〇月上旬、私は駈られるように福島へと車を走らせた。

まだ地震の跡が残る東北自動車道を北上し福島県に向かった。二本松インターチェンジから一般道に下り東へ向かうと、車窓には黄金色にかがやく稲穂の海が続く。この二本松地域で収穫された米から国の基準値を上回るセシウムが検出されたことが報道されたばかりだが、はたしてこの稲穂は何処へいくのだろうか。

いよいよ原発四〇キロ圏内に入る。山々は色づき始め、県道沿いにはコスモスや彼岸花が咲き乱れ、野鳥が飛び交う。外気はひんやりし、吸い込むと森の匂いが心地よい。四季の移ろいは何も変わってないように見える。だが、この空気も、森も、鳥も、花も、そして人も、すべてあの日から変わってしまったのだ。かつての観光キャンペーン「うつくしま福島」はもう誰も口に出すことができない。この一見のどかな山里の風景も、その内部は目に見えない放射能によって破壊され続けていると思うと、胸がしめつけられた。

飯舘郵便局のポストは封印

車は飯舘村に入る。街の様子が一変した。人家はすべて戸が閉められ、ドライブインや野菜販売所など商店の入り口にはチェーンが掛けられている。ニコッと笑う「飯舘牛」の大きな看板だけがむなしく建つ。まさに「死の町」としか言いようがない光景だった。飯舘郵便局に到着。ポストは封印され、局入口には「計画的避難区域になったため業務を行っておりません」との張り紙が貼られていた。ここは今でも毎時三マイクロシーベルト超の高い線量が計測されている地域である。

県道12号線で八木沢峠を越え南相馬市に入る。ここは数日前、「緊急時避難準備地域」が解除された地域で、今まで避難していた住民が戻ることができるようになっていた。そのせいか、飯舘村では見かけなかった「人」が道を歩いており、ラーメン店もコンビニも開いていて、客が入って活気があるように感じられる。ただ小学校は再開しておらず、ブルドーザーによる校庭の土の除去作業が行われていた。「道の駅・南相馬」に到着。駐車場には沖縄県警の車両があり、警察官が休憩していた。住民のほか工事関係者と思われる人たちも訪れて、けっこう賑わっている。

海岸に向かう。紺青の太平洋が見えてきた。遠くに高い煙突の建物が見え、第一原発かと一瞬ヒヤッとしたが、この地に建つ東北電力原町火力発電所だとわかる。ここも震災の影響で建物が炎上し、復旧の目途はたっていないという。道の脇には津波で破壊されたと思われる乗用車が何台も放置されていた。海岸近くに行くと見渡すかぎりの草原、津波であらゆる建物が流された跡に、半年が経ち野草が一面に茂っているのだ。その脇の大量のガレキの山にはトラックが頻繁に通り、運搬してきた大量の木くずや鉄くずを置いていく。南下しようとすると「立ち入り禁止」の柵が道を遮る。ここからが原発二〇キロ圏内の警戒区域なのだろう。海は、波も静かで穏やかだが、その中に棲む魚や貝や海藻もみな汚染されてしまったと思うと悲しい。ここから二〇キロ先に建つ原発の建屋がふと蜃気楼のように見えたような気がした。

被ばくに怯え、妻と子どもは号泣した

郵便局の知り合いを通じて当時、第一原発直下の大熊郵便局に勤務していた吉岡秀雄さん(仮名、四〇代)の話を聞くことができた。原発建屋から約五キロの内陸部にある郵便局では当時約三〇人が働いていた。地震当日、郵便局の建物自体は内陸部にあったため津波による被害は受けず、直接の人的被害もなかったが、警戒区域直下にあるため、あの日から郵便局は閉鎖されたままだ。吉岡さんは、地震当日は非番でいわき市の自宅に娘さんといた。自宅は大丈夫だったが、地震後、水も電話も途絶え、不安な一夜を過ごした。後で聞くと、当日勤務の同僚はみな命からがら逃げ帰ったという。

「配達中、第一原発の建物を見上げると気持ち悪い感じはしていたけど、まさかこんなこ

とになるとは夢にも思わなかった」

そうだろう、私も含め原発の安全性を信じて疑わなかったのだから。まさか、一夜にして自分の職場が封鎖されることを誰が予測したであろうか。

翌一二日早朝、半径一〇キロ以内の住民への避難指示が出されたことを知った吉岡さんは「これは仕事どころじゃない」と出勤をあきらめた。午後、水素爆発が報じられ、友人たちからも「すぐ逃げなさい」とのメールや電話がひんぱんにかかってきた。一四日に課長から安否確認の電話がかかってきたが、会話の最中に三号機爆発の速報があり、出勤どころの話にはならなかった。以降二週間あまり会社からの電話は途絶えた。一五日に入ると近隣の家も一斉に避難を開始、吉岡さん家族も避難を決意、軽自動車に乗り車中泊覚悟で町を出た。しかし道路が避難民で大渋滞、やむなく自宅に引き返すことに。その夜、妻と子どもは迫りくる被ばくに怯えて「号泣した」という。

その後、三月二九日に課長から「明日からいわき支店に出勤してほしい」という電話がかかってきた。翌日出勤すると近くの内郷郵便局の事務室で、事故で未配達の郵便物の転送・還付処理をしてくれと言われた。四月一日から同じように他の支店から来た人たちと一緒に業務を始めたが、郡山支店に保管していた未処理郵便物は一三万通を超えており、部屋じゅうが郵便物でいっぱいになり、当初は途方に暮れた日々がつづいた。だが徐々に人数が増え落ち着くようになっていった。他県等に避難していた社員に、次々と出勤命令が下ったためだ。しかし内郷周辺のアパート入居もままならず、ホテル出勤を余儀なくされる社員も多くいた。

今は「原発が憎い」と言いきる吉岡さん。職場も奪われたうえに、生まれ故郷の田村市都路《みやこじ》にも帰れないのだ。それまで明治以来伝わる田畑を守らなければと思い、吉岡さんは草を刈り、田を耕してきた。「草を刈ったあと、土手に腰をおろして田畑を眺めるのが好きだった。年齢を重ねるにつれ故郷の良さもわかってきた」と感じ始めてきた矢先だった。

子どもにもそれを伝えたいと必死で土地を守ってきたが、「原発はそんな俺の夢を奪った。先祖の墓参りに子どもを連れていくこともできなくなった」。

緊急時避難準備区域は解除されたとはいえ、都路周辺は今も一マイクロシーベルトを超える線量が出続けている。「原発は先祖と私たちを引き離した」と。

これからのことを尋ねると「不安です」と一言。仕事は、内郷郵便局での事故郵便処理をこれからもずっと続けることになるのか、内務作業に携わってもう半年近く経ち、「元の大熊の住所や端末機の操作も忘れかけている。外務作業に戻れるか」と不安はつきない。

家族は、一時避難から戻って以前のように生活しているが、中学生の子どもの通学は車での送迎にきりかえ、帰宅したら衣類はすぐ洗濯、シャワーを浴びさせる毎日だという。「いわき市から配布されたヨウ素剤をすぐ服用させればよかった」と今でも悔いが残る。ヨウ素剤の袋の注意書きには「指示があるまで絶対に服用しないこと」とあったのだ。子どもの顔を見るたび「丈夫であってくれ」と祈るばかりだという。

被ばくの恐怖を感じながら配達

第一原発から約六〇キロ離れた福島市の郵便局で配達作業に従事している田口紀彦さん（仮名、五〇代）の話を聞いた。事故後、いくつかの支店では外務員に放射能対策としてゴーグルとマスクを支給したというが、「酷暑のなかで誰ひとりとして装着する者はいなかった」。福島県の中通りに位置し、原発からは距離はあるものの線量が毎時二マイクロシーベルトを超える場所もある。放射能被ばくの恐怖を感じながら今も郵便を配っている。

「ポストは人家の軒下にたいがいあり、その下には側溝があることが多い。放射能が溜まり易いという場所にバイクを止め毎日配達しているんです」。

会社は原発事故直後の三月一五日、一六日は全員屋内退避の措置をとり、その後も降雨時には屋内退避を指示したが、四月に入るともう通常業務に戻ってしまった。

「今までの約一八〇日間、一日五～六時間、外務作業で浴び続ける線量が自分の体の中にどれくらい積算したのか、考えるとゾッとする」と。

福島市内の街の風景はあれ以来すっかり変わってしまった。配達していても「子どもを見かけない」のだ。夏でも長袖にマスク、帽子姿の住民が多い街中を、赤バイクにまたがった配達員は無防備なまま走りまわる。

「会社の態度は、およそ外務員を多く抱える事業体のかけらも見られない」と怒りを隠さない。「びっくりしたのは、業務再開指示の会社文書のなかで、いわき市で開催された講演会内容（山下俊一氏講演）のいいとこ取りの内容を記載して屋外作業させてもいい根拠としたんです」。人命より業務という本音が見える、と。

さらに本来なら労働者の命と健康をまもるべき組合（所属するJP労組）も、「専門的見地から公的見解が示されたことから、屋外作業を了承した」と無批判で丸呑みしてしまった。「この夏にあった組合の東北地本大会の議案書でも、外務員の健康問題には触れず、出てくる文言は『避難地域の業務運行』だけです」とあきれる。

「コンプライアンスや品質向上が繰り返し言われる毎日の仕事のなかで、自分たちの意識がだんだんと生命より重い仕事という使命感を作り出していったのではないか。俺なら投げ出して逃げる、と自信を持って言える人がどれだけいるか。今回の犠牲者の皆さんが命をかけて鳴らした警鐘を生き残った私たちは真剣に検証しなければ」と田口さんは語気を荒げた。

一方、第一原発から約二五キロ北にある南相馬市の原町支店に勤務していた杉村信二さん

（仮名、五〇代）は、今でも震災時の行動を反省するという。息子に避難を催促されても当日の夜勤勤務のことが先にたち、「行政の指示を待つ」と言って動かなかったのだ。「安全よりも仕事という意識が先行していたんです。これこそが安全軽視、原発大震災につながったと考えると今でも自戒するばかりです」。あの日、同僚は、津波警報が流れても、「津波が来る前にと、残っていた一束の郵便を大急ぎで配ってきた」と得意そうに話していたという。「間一髪、今考えると恐ろしい」。

ようやく一家で避難することを決意、その後避難先を転々とし、六月に千葉県市原市で一応落ち着くことができた。その間、九〇歳近い義父が避難所で行方不明になったり、義母が「ここで死んだら皆に迷惑がかかる」と言って三度の食事を無理やり口に詰め込む姿を目の当たりにしたりして、心休まる日はなかった。母親が千葉に着いて発した言葉が「ここで死にたくねー」だった。やはり年寄りほど故郷に戻りたいという意識が強いのだと実感した。

今後のことについては、「子どもたちと口論になるが、若い者は当初の〈戻れない〉から、今ははっきりと〈戻らない〉と言う」と顔を曇らせる。原発周辺の市町村に住む家族は、杉村さんのように家族が分断されるケースが少なくないのだ。

＜第1章＞除染作業

ハローワーク通い

二〇一一年一二月一六日、野田首相は記者会見を行い、「原子炉冷温停止」になったと「福島第一原発事故収束」宣言を発表した。誰もが耳を疑う「収束宣言」だった。その後何度も福島を訪れた私の目にも、「収束」とは程遠い荒野が目の前に広がる現実があった。事故から半年以上が経ち、「復興」や「絆」という言葉が溢れるようになったが、福島の人の話を聞けば聞くほど、それらの言葉はより空疎に響くのだった。

折しも、私は六〇歳の定年退職を間近に控えていた。郵便局への再雇用という選択もあったが、私の心にはいつしか福島で働くという思いが募っていった。長年住み慣れた東京から離れ、家族を置いて一人で福島に住み仕事する。確かに不安がないわけではなかったが、それ以上に、福島で暮らし、その現実をこの目で見てみたい。3・11という日本の歴史の大きな転換点となった〝大事件〟は、決して終わったのではなく、今も福島で、現在進行形で続いている。この先、四〇年、五〇年あるいは一〇〇年以上かかるかもしれない収束作業の歴史的進行に一時でも係わりたいと真剣に思うようになったのだ。定年退職はまさにその絶好の機会だと。福島のために役立ちたいという綺麗ごとではなく、六〇歳の節目を迎えた私の第二の人生が福島にあると思ったのである。

二〇一三年三月末、無事郵便局を退職した私は、すぐ福島行きの就職活動に入る。折しも二〇〇七年の郵政民営化により、それまで公務員だった身分が一般民間人となり、雇用保険加入が義務付けられたため、最長九〇日間の雇用保険給付を受けられることとなっていた。定年の余韻に浸ることなく、五月から渋谷のハローワーク通いに精を出した。

報道では福島第一原発での作業員不足が深刻だと言われており、年齢のハンデはあるものの、すぐに就職先は見つかるだろうと楽観視していた。だが、甘かったとすぐに現実を思い知らされることになる。

やっと会社が見つかる

ハローワークに行けば、朝から夕まで老若男女の求人者の列が絶えない。入口近くには、業者と思われる数人の女性が立ち、勧誘チラシを配っている。受付で「検索です」と言って指定された番号のパソコンに座り、キーを打つ。希望勤務地「福島」、希望職種「建設」と入力すると、瞬く間にいくつもの求人票が出てくる。多いのは除染作業だが、中には第一原発構内作業というのもチラホラある。福島に行く以上、やはり〝本丸〟とも言える第一原発に入りたいと思い、「寮完備」の条件でいくつかの候補を挙げ、係員に紹介してもらう。

求人票には、判を押したように各社とも「年齢不問」「経験不問」「資格不問」とあるが、やはりそれは建前に過ぎなかった。六〇歳を過ぎて、建設現場の経験もない素人をそう簡単には引き受けてくれなかったのだ。問い合わせしてもらうと、「元請け会社から六〇歳以上を採らないと言われているので」と断られるケースがほとんど。それでも、「まず履歴書を送って下さい」と感触の良さそうな会社があっても、しばらくして「不採用」の通知が送られてきて落胆する。返事が来るのはまだましな方で、二週間経ってもなしのつぶての所があったり、ひどいのでは連絡先の携帯電話に掛けると、「この電話はお客様の都合により……」と不通のケースもあったくらいだ。本当に人手不足なのかなと疑問に思ったりしたものだ。

「やはり、ど素人では無謀だったか」とあっさり方針転換、今度は除染現場の仕事を探すことにする。気が付けば、退職後ろくに体を動かしてないので、体重はみるみる増加、これでは肉体労働は厳しいと危機感にかられ、近所のスポーツジムに通い肉体改造に取り組む。

そうこうしているうちに秋風が吹く頃になり、やっといくつかの会社から良い返事をもらうことに。就活を始めて五か月、そろそろ雇用保険の給付金支給も切れる頃だった。

十月下旬、電話で「採用」の返事をもらったC社、あまりあっさり言うので、おそるおそる「面接は?」と聞いてみた。すると「別にいいです」と。内心「良かった」と思った反面、「誰でもいいのか」とちょっとガッカリもしたが、この会社に決めることにした。日当が一万七千円(含む危険手当一万円)と他社とそん色ない事、募集人数が二〇人と多い事、会社の規模が大きい事などが気に入った理由だった。

十一月初旬、健康診断や諸手続きがあるので東京中央区にある会社の事務所まで来てほしいと言われ、出向くことになった。訪ねると部長という人が現れ説明をした。「仕事は誰でもできる軽作業です」と言われ、ホッとする。「もしきついようでしたら、この関東近辺にもいくつか事業所がありますので」とも。本当に軽作業なのかなあと少し不安になる。おまけに実際に現地に行ってもらうのは年明けになるというではないか。他にも良い感触の会社があり少し迷ったものの、しっかりしていそうな会社だったので、ここに決めることにした。

連絡があるまで待機していてくださいと言われ、ついに年を越す。その間、現場作業用に作業ジャンパーや安全長靴などを買い揃えたりして、準備した。そして一月中旬、ようやく会社から連絡が入り、仮宿舎となる南相馬市のホテルKの案内と集合日時を言われた。

大雪の中、浪江町に入る

当時、南相馬市は「陸の孤島」と呼ばれていた。3・11後、大動脈である常磐線と国道6

号線が不通、公共交通手段はバスのみになり、阿武隈山地を超えて福島市などに行くか、JRの代行バスで仙台市に行くしかなかったのだ。

二月五日深夜、東京の新宿から福島行の夜行バスに乗車し、現地に向かった。東北道を経由して早朝六時過ぎに福島駅前に到着、さらにバスを乗り継ぎ南相馬市のJR原ノ町駅に向かう。八時間半かけて到着、近くの駅のトイレに入ると水道は凍っており、温度計を見るとマイナス五度、東北に来たのだなあとしみじみ思った。ここから集合場所のホテルKまでタクシーで行くしかない。近くにバス停はなく、歩けば一時間程度かかるというから仕方ない。

指定された宿泊場所はホテルと言っても、プレハブ平屋建ての復興作業員・ボランティア向けの「仮設ホテル」だった。3・11前は旅館として営業していたが、震災で建物は半壊、その後市や中小企業基盤整備機構の整備事業として支援を受け、二〇一二年八月に被災三県初の「仮設ホテル」としてオープンしたというもの。食堂や浴場がある管理棟二棟と宿泊棟四棟を備え、最大で一〇〇人が泊まることができるという。

七人の侍

ホテル前の広い駐車場でタクシーを降りると、それらしき仲間がいた。聞いたところでは私を含めて七人が今回の除染作業チームにあたるという。求人票では募集人員二〇名とあったが、結局集まらなかったらしい。今日はこれからホールボディカウンター（ＷＢＣ）をみんなで受けに行くのだ。立ち話している人に「池田と言いますが、Ｃ社ですよね」と聞くと「ああ、みんな揃っているようだから、もう少ししたら行くから」と言われ、責任者の竹本さん（仮名）を紹介される。この人は一緒に作業しながら現場を監督する、正社員だ。

彼はおもむろに封筒から印刷物を取り出し、「これに名前を書いて、ハンコを押すように」と各自に手渡す。「誓約書」と書かれたその内容は、おおよそ次のようなものだった。「私は、暴力団員、暴力団関係企業、総会屋、社会運動標榜等の反社会的勢力に該当しないことを表明し、かつ将来にわたっても該当しないことを誓約します」。誓約先はＣ社の上のＫ建設とあった。やっぱり暴力団関係はうるさいのだなあと思いながら、あまり文章は読まずにハンコを押した。誓約書を回収すると、竹本さんは集まった七人を紹介するでもなく「行きましょう」と。

私はＴという人の車に同乗してＷＢＣ会場に向かうことに。車中、Ｔさんの話を聞くと、ここに来る前は楢葉《ならは》町の除染をやっていたらしい。工期が終わったためハローワークに行き、このＣ社を見つけたと。私が「初めてなんです」と言うと、「大丈夫、俺だってできるんだから」と。聞けば五〇代半ばで、以前は青森の銀行に勤めていたそうだ。大学生になる娘がいるが、青森では「就職先なんてまるでない」らしく、福島に来たという。

途中、道に迷いながらも検査場に辿り着く。場所は小学校の校庭で、今ここの生徒たちは避難しているらしい。七人はここで初めて正式に顔を合わせた。責任者の竹本さんは鳥取出身、あとは沖縄、大阪、新潟、山形、そして青森のTさんと東京の私、日本全国から集まったという感じだ。年齢も、最年長が六〇代の私以下、五〇代が二人、四〇代が三人、最年少は二五歳の若者だった。聞けば某国立大を卒業後、あまり働いたことがないというではないか。無口で、見るからにひ弱な感じ、やっぱり「誰でもいい」除染の仕事だったのかと思ってしまった。「七人の侍」というフレーズが浮かんだが、はたしてこれからこの仲間とうまくやっていけるだろうかとちょっぴり不安にもなる。

受付を済ませて検査の順番を待つ。やがて名前が呼ばれ、校庭の隅に建てられたプレハブの検査場の中に入った。このホールボディカウンターとは、人の体内に取り込まれた放射性物質の量を測定する装置で、全身を対象に人体から放出される放射線の量や種類を、体外から直接計測するもの。つまり内部被ばくを測るものだ。法令で、放射性物質を扱う業務に就く者は、この検査を受けなければならない。また、仕事が終了した際にも期間中の量を測ることが定められているという。氏名を確認し、上着を脱いでレントゲン検査のような測定器に立って入り計測開始。二分間だったたか、長い感じがしたが終了。検査員から「異常はありませんでした」と言われ、当然と思いつつ胸をなでおろす。

全員が終了すると、竹本さんから、「今日はこれで終わり、後は宿泊所に戻って自由時間、別途指示があるまで待機していてください」と。たったこれだけのことで、とも思ったが、これも手続きとあきらめ、みんなそれぞれの車に分乗しKホテルへ帰っていった。

ホテルでは宿泊手続きを済ませ、食堂や大浴場やコインランドリーの場所の説明を受け、部屋に入った。プレハブとはいえ部屋は防音個室で、四畳くらいはあるだろうか。テレビ、冷蔵庫はもちろん、冷暖房用エアコンもある。浴場も食堂も広く申し分ない。ただ難点は交通の便が悪いこと、近くのコンビニまで歩いて二〇分はかかるという不便さだった。自家用車があればいいのだが、ないので我慢するしかない。ホテルでは食費も含め全額会社負担というが、それは今だけ、いずれ元請け会社の寮に移ることになると食費は自己負担であると、最初から言われていた。

除染特別教育

翌日は除染作業の事前研修のため浪江町の施設に朝から七人で向かう。国道6号線を南下すると、車窓には津波の跡が広がる。小高地区に入ると、海岸まで一面の枯草、建物の残骸が痛々しい。ひっくり返った車やトラクターもあちこちにころがっている。三年も経とうというのに、まだ手つかずのままの景色、そう、ここは人が許可なく立ち入れない地域なのだ。

浪江町に入るとすぐに目的地の研修場所が見えてくる。国道沿いに建つ結婚式場を東電が借り受けて除染作業の拠点施設として使用しているらしい。駐車場脇の広場で七時から他の除染作業員たちと一緒にラジオ体操を行う。正面には私たちの元請けである四社のＪＶ（共同企業体）名が掲げられている。今日、これから受ける研修は、「除染電離則」（第１９条　除染等業務に係る特別の教育）に定められたもので、事業者は、除染等業務に労働者を就かせるときは、労働者に対し教育を行わなければならないとある。内容は以下のとおり。

「一・電離放射線の生体に与える影響及び被ばく線量の管理の方法に関する知識　二・除染等作業の方法に関する知識　三・除染等作業に使用する機械等の構造及び取扱いの方法に関する

福島第一原発と浪江町

知識　四・関係法令　五・除染等作業の方法及び使用する機械等の取扱い」

この除染特別教育は、朝九時から始まった。配られた冊子をもとに担当者から放射能関係や除染作業に関する説明を受ける。後で確認テストを行うというので、講師の話を熱心にメモする人もいるが、中には居眠りモードに入る人もいる。休憩をはさみながら午後まで研修は続いた。最後に一〇問の〇×式試験があったが、見事に私は一問外してしまった。係員から間違い箇所を指摘され、「正しい記述でここに書くように」と促され、恥ずかしさを隠して再提出して「合格」となった。ちなみに私たちのチームではもう一人不正解者がいた。

結局午後三時過ぎに研修は終了、竹本さんを除いて六人でまたKホテルに向かった。帰りの車中では「今日の日当は出るのかなぁ」と誰かが言うと、「仕事じゃないからきっと出ないよ」とかの話題で盛り上がった。後日、誰かが会社に問い合わせしたところ「半額の日当が出ます」ということになったと。当たり前かもしれないが、みんな金にはシビアなんだと知らされたのである。

大雪で待機

さあ、いよいよ来週から現場だと意気込んでいたのだが、福島県地方は翌日から大雪に見舞われることに。本来、雪が少ないという福島県の海沿いに位置する浜通り地方だが、この時は「一〇年ぶり」とも言われるくらいの豪雪に襲われた。宿舎の周りも一面の銀世界、車も出せないくらいの雪が積もっていた。

翌日、その翌日も雪の中を散歩した。海岸付近に出ると人気もなく荒涼としている。津波で建物がない分、原野がずっと広がっている印象だ。いったいいつになったら元の海辺の風景に戻るのだろうかと思いながら、トレーニングも兼ねて雪の海岸沿いをひたすら歩いた。

約一週間の待機が明け、二月一四日からいよいよ作業開始となった。しかしその日は除染ではなく、除雪作業を言い渡された。朝六時一五分に宿舎を車二台で出発、途中コンビニで昼食のパンを買い、集合場所になっている結婚式場に行く。ラジオ体操後、ＪＶの全体朝礼があり、傘下の一九社の代表者が前に出て、本日の作業内容と人員をそれぞれ報告するのだ。その後、私たちのチーム七人は車三台に分乗して現場に向かう。途中、浪江町役場近くの検問所で車両番号と許可証のチェックを受け、浪江高校に。今は避難区域となり休校となっている浪江高校の校舎は、この地区の除染作業の拠点基地となっているのだ。ここで私たちは身分証を見せ、線量計をもらい入場手続きを済ませた後、ゴム手袋、綿手袋、サージカルマスクなどの装備品を受け取り現場に向かうのである。

最初は墓地除染

この日の作業は浪江高校近くの田んぼの除雪だった。除染した草木や土砂などを詰めた黒いフレコンバッグ（フレキシブル・コンテナバッグの略、容量が一トンなのでトンバッグともいう）の仮置き場を作るための盛り土作業にかり出されたのだ。慣れない除雪作業で腰は痛くなる腕は上がらなくなる、半日でもう疲労困憊、この先やっていけるのかと少し不安になった。しかし、除雪作業はこの日だけだった。

翌週には雪もだいぶ融け、除染作業に入ることとなった。後で知ったことだが、これは本来の除染現場ではなかった。実は本当の現場にはまだ雪が残っており、着手できる状態ではなかったのだ。それまでの中継ぎの仕事として与えられたのが墓地の除染作業だった。

まだ雪が残る墓地に案内され、除雪しながら墓石や敷石などの除染をすることになる。キムタオルという紙製のタオル（もともと「十條キンバリー」が生産・製造していたので、その「キンバリー」の最初の三文字をとってKimになったとか）で墓石と周りの囲いを拭くことから始めた。最初のうちは墓石の表面の汚れを何度も拭いていたが、同じタオルで往復したら汚染をまたこすり付けることになるから「二度拭きは禁止」と注意され、一度拭きに。だが一回表面を擦っただけではなかなか汚れは落ちない。おまけに午前中の気温は氷点下なので、水で濡らしたキムタオルの生地が、冷えた墓石の上ですぐ凍り付いてしまう。結局何度も拭くことになる。凍らないようスピードをつけながら、汚れが落ちるよう力強く拭く。寒さは少しこたえたが、雪かき作業に比べればそれほどきつい仕事ではなかった。

聞けば、翌月に控えた春分で地元の住民がお墓参りに来るため、その前に除染をして空間線量をできるだけ下げようというのが目的らしい。墓石を拭きながら、彫られている墓誌に目をやると、戦死と書かれているものがあったり、3・11の数か月後の日付があり関連死ではと思うものがあったりで、胸を衝く。先の地震で倒れたままになっている墓石も多くあったが、後で石屋さんが直すからと言われ手は付けなかった。もう訪れる人はいないのか、草に埋もれた墓石のない「土まんじゅう」のお墓もいくつかあった。

浪江町の墓地は、自治会で管理しているもの、お寺のものなどさまざま、場所も偏在している。山の上のある寺に行ったが、地震で建物は損傷し住職も避難して、誰もお墓参りには来ていないようで閑散としていた。線量を測ったら、毎時三〇マイクロシーベルトを超えていたのでビックリした。これではいくら除染しても近寄れないなと思いながらも、「ご先祖さまがきっと喜んでくれる」と自分に言い聞かせて、話しかけるように拭いたものだ。

河川敷と土手の除染に入る

約一週間の墓地除染が終わり、いよいよ本来の仕事、河川敷と土手の除染作業に入った。

場所は浪江高校の裏に流れる請戸川の支流地帯、その河川敷と土手である。任された区間の長さは少なく見ても一キロ以上はあるだろうか、うねりながら続く河川敷と土手、これを七人で刈るのだ。茶色く枯れた草木の丈は四〇～五〇センチ、中には二メートルを超す木もある。大きい木は斧やのこぎりで、下草はエンジン式刈り払い機を使用するが、初心者には刈り払い機はだめということで私と二五歳の新人は除外となる。私たちの仕事はもっぱら「集草作業」、つまり機械で刈った草木を熊手でかき集めて黒いフレコンバッグに詰める作業だ。平地の河川敷ならまだしも、斜面の土手（法面《のりめん》という）は体も斜めになるので作業しづらく、踏ん張るので足も腰もきつい。

休憩は、一〇時に一五分間、一二時に一時間、一五時に一五分間あるが、竹本さんが時間を見て「はい、休憩」という。それが待ち遠しい。六〇歳を越えた体にはこたえるのだ。それでも、前に他の地区の除染を経験した仲間からは「こんなのまだ楽な方、森林なんかもっと斜面がきついし、夏場なんか汗びっしょりでもうたいへんですよ。それに家屋の除染も屋根の瓦拭きは怖いよ」と言われた。一方で、「募集人員二〇人というから来たのに、たった七人で、それも新人もいるからきついなあ」と露骨に嫌味を言う同僚もいた。除染に入ったことをちょっぴり後悔したが、もう後の祭りだ。

作業員宿舎に引っ越し

勤め出して二週間経ち、約束の宿舎移動を通告された。引っ越し先は元請けＪＶの宿舎で、場所は今より町中に近く、そばにはコンビニもスーパーもあるという。寮費は会社負担なので文句は言えない。ただ、現在のホテル住まいからグレードが落ちることは確かだろう。除染を請け負うゼネコン各社には環境省から作業員の寮費、食費の予算が出ている。ホテルでは仮設とはいえ一泊二食で三五〇〇円（長期滞在割引程度の金額を支払うので、割に合わない。自前の宿舎なら経費が浮くというわけだ。

そんなわけで日曜日にみんなで一斉にお引っ越し。私の荷物はスポーツバッグ一つだけだが、車で来た人たちはパソコンやら鍋・釜やら長期の除染作業で蓄えた荷物がいっぱいだ。それぞ

ＪＶの宿舎

れ分乗してＪＶ宿舎に向かう。新しい住まいは原町の南方面、有名な「相馬野馬追」の祭場の近くに建つプレハブ二階建て七棟からなる作業員宿舎だ。

収容人数は二五〇名くらいか、広い駐車場には車がギッチリ。ナンバープレートを見ると、北海道から東北、信越、四国、九州と全国区だ。除染の仕事に全国各地から労働者が福島に集まっていることに改めて驚く。中央棟には食堂と浴場があり管理人もいる。部屋は二畳半くらいか、前のホテルの半分くらいしかないがエアコンも冷蔵庫もテレビもある個室なのでホッとした。

ただ壁は薄く、隣で電話する声が聞こえる。各階には電気洗濯機が五台ほど配備されていて、無料で使えるのがうれしい。朝食は納豆、おしんこなどおかず数品に味噌汁、ごはんが付いて二三〇円と安いが、夕食は料理二品とおかずが付いて六二〇円、みんな夕食は高いなあとこぼしていた。風呂は以前のホテルの浴槽に比べたら狭いが、洗い場は広くマアマア。

総じて勝手にイメージしていた飯場の雰囲気はなく、プライベート空間も確保された近代的な作業員宿舎といったところ。以前は一部屋に何人も同居させる、いわゆるタコ部屋まがいの作業員宿舎が多かったようだが、最近はみんな個室を希望し、応募の際も必須条件として個室をあげる者が多く、配慮していると聞いた。

パワハラ横行の現場

ネコ、トラ、ウマ、ミー、と最初はこの業界で飛び交う専門用語に面食らった。「ネコ、持ってこい」と言われても「はあ」となる。作業の流れで、これは生きている猫ではなく手押し一輪車だと理解するまで一瞬の間。トラはトラロープの事で黄色と黒の縞模様の安全ロープ、ウマは脚立、ミーというのは竹製の土砂などをすくう蓑ざるのことだった。「何だ知らないのか」とバカにされそうなので、「はい、持ってきます」とその場では返事するのだが、はて何のことだろうと恥を忍んで同僚に聞いたこともあった。

最初は新人だからと土木作業のやり方をイチから丁寧に教えてくれた竹本さんだったが、一週間もするときつく当たるようになってきた。「最初はいいけど、二度は教えないからな」とか、「自分がどういう作業指示を受けたのか忘れたのか」「手が遅い」などと叱責されるようになったのだ。はじめのうちは「職人の世界は厳しいものだなあ」と感心したりしたものだが、そのうち個人の動作をみんなの前で名指しで攻撃するようになり、竹本さんに対して反感を覚えるようになった。ある時など、少しボーッとしていたのを見かけたのか、終業ミーティングの場で、竹本さんは「時間を待っていれば金をもらえるとでも思っているのか。そんなんだったら切るからな」とみんなの前で毒づくありさま。これにはビックリした。

一般でいうパワハラであるが、この世界にはそういう言葉は存在しないのかと思った。年齢は全く関係ない、一日でも先に入ったら先輩、腕が早い者、腕っぷしが強い者が上に見られ、遅い者、非力な者は疎んじられる。まさに軍隊のような世界である。特に私のような未経験のうえに高齢な者など馬鹿にされるのがおちだ。

でもそこは人生経験を積んできた者の強み、少々の事ではへこたれないし、要領の良さは若い者の上をいく。同僚の五〇代の先輩たちからは、上手く仕事するコツを教えてもらうようになる。「環境省の巡回や上の会社の見回りが来た時はわき目も振らず手を動かす。固まって作業してるとサボっているように見られるから距離を置いて仕事する。誰もいなくなったらのんびりやればいい」と経験者は語る。

だんだんと竹本さんのパワハラが目につくようになり、やがて同僚たちの間からも会社への不満が出るようになった。三月半ば、新潟から来ていたHさんが早くも「辞める」と言い出した。「他の仕事が見つかったから」と言っていたが、後で聞くと「あいつ（竹本さん）の下では働きたくない」というのが本当の理由だった。事実、竹本さんはみんなの前で「Hは何もしていない」とか名指しで非難していたのだ。

退職予定日が近くなると、Hさんはうれしそうな顔をして、ここもあと何日だと言っていた。実は以前彼は、地元の柏崎刈羽原発で働いていたのだ。防護服の洗濯の仕事をしていたというが、3・11以降原発の運転がストップした関係で仕事がなくなり、ここ福島に単身乗り込んだという。手に職のない五〇歳を越えた者には地元新潟ではなかなか就職口は見つからない、「早く再稼働してくれないかなあ」と言う。高校生の娘がいるので仕送りしなければならないが、でも嫌な職場では働きたくないと。もう三月初旬から今の職場に見切りをつけ、ハローワークで除染関係の仕事探しを始めていたという。いくつもの会社に履歴書を送り、すでに良い返事を得ているらしい。まだまだ、売り手市場なのかと思う。

話が違う

「話が違う」という言葉がみんなの口から出てきた。求人票との相違点が多すぎるのだ。まず「週休二日」のはずが、土曜日は原則出勤で日曜も出てもらうことがある、と。「送迎あり」は、実際は自分たちで会社の車（ダブルキャブという荷台付き六人乗りトラック）を運転して現場まで来てもらうということ。さらに給料支給日も当初の二五日が翌月一〇日に変更されるなど、求人票と異なる事態が次々と発生した。まあ「求人票」というのはあくまで募集条件にすぎず、実際とは異なる場合もあるとは言われていたので、そんなもんかなあとも思ったが、そもそも「雇用契約書」っていつもらえるんだろうという疑問が湧いてきた。

やっと竹本さんから「印押して」と契約書を渡されたのは、勤め出して二週間を過ぎたころだった。「労働条件」の内容を見て驚いたのは「契約期間」が、会社が請負う「除染作業が終了する日」となっていたことだ。カッコ書きで「除染作業終了予定日二七年七月三一日」と記されていたものの、これではいつ「作業終了で契約打ち切り」と言われても文句が言えないことになってしまうのでは、と不安になった。

また、労働時間は、七時三〇分〜一六時とあったが、現実は朝六時半に宿舎を出て、現場終業は早くて一六時半、遅いときは一七時を過ぎることもあり、宿舎に帰る時間は一八時近くになることもしばしばだった。「サービス残業じゃないか」と腹立たしかったが、雇われている身、今さらおかしいとも言えず、「雇用契約書」に黙って印を押すしかなかった。

天敵は雨

毎朝、六時過ぎに食堂で飯をくらい、六時半ころダブルキャブに竹本さんを除いた六人が乗り込み、現場へと向かう。定員いっぱいで肩を寄せ合っての移動は快適とは言えない。「送迎付き」とは名ばかり、自分たちで交代して運転するのが実際。運転に慣れてない二五歳のKが一度縁石に乗り上げタイヤをパンクさせてしまったことがあった。その時竹本さんは「不慣れな者に運転をさせたのだから、同乗者みんなの共同責任だ。タイヤ代、修理代はワリカンで払ってもらう」と告げた。確かにKのミスではあるが、業務事故なのにみんなに代金を払わせるのか、と同僚たちは車内で不満をぶちまけたが、Kひとりに払わせるのもかわいそうということになりウヤムヤに。結局、修理代金が安かったこともあり、後日会社が払うことになったのだが、みんなの気持ちはすっきりしなかった。私も運転することがあったが、もし人身事故でも起こしたらと、内心ヒヤヒヤものだった。

除染作業にとってやっかいなのが、雨や雪による休工である。朝から大雨なら心配することもないのだが、現地に着いてからの雨降りは休工の判断が難しい。何せ、屋外作業のうえ滑りやすい法面、おまけに草が濡れていては刈るのは困難、集めてフレコンバッグに入れるのは無理だ。霧雨程度ならやれるのだが、それ以上となると中止せざるを得なくなる。こちらも雨の中、カッパを着こんでの作業はしたくないのが人情だが、そうは言っても日雇いの身、休工したらおまんまも食えない。

ところが、その指示が遅いので混乱するのだ。朝、小雨の中、朝礼をやり、とりあえず現場に向かって車の中で待機、空が明るくなって「いくぞ」という時もあれば、「今日は中止」と言われる時もある。しかし、二次下請けなので元請けからの指示待ちで、判断が遅れることもしばしば。同じ現場で働いている他の元請け会社の作業員が早々と帰っているのに、こちらはいくら待っても連絡が来ないなんてこともザラだ。みんなの心境は複雑、「雨の中やりたくないなあ」と思う一方、「帰ってもやることないし稼ぎたいなあ」とも。

寮ではいろいろな下請け会社が入っているのだが、雨で早朝からさっさと休工指示が出て現場に行かないという会社もある。しかし私たちの会社と言えば、よほどの大雨、大雪でないかぎり、とにかく車を出し現場に行くように、となる。ところが、途中で休工となっても一銭も出ないのである。ひどい時は、せっかく出て来たのだからと担当日になっている簡易トイレ掃除を「ボランティア」ですることも。午前中仕事して午後から休工なら「半日当」が出ることになっているのだが、一～二時間かけて待機して休工では割が合わない。天候に左右される土木労働者の宿命と言ったらそれまでだが、やはり釈然としないものがある。不安定な日雇い除染作業員の悲哀を身に染みて感じた。

ずさんな被ばく対策

私たちが毎日、除染作業に入った浪江町酒田地区は第一原発から直線距離で北西に八キロくらいの所に位置する「避難区域」。住民は、一時帰宅は許されても長時間いることはできない。それだけ線量が高いのだ。だが高いと言っても場所によってかなり違いがある。

私たちの担当エリアである土手沿いにしてもまちまちだった。一キロ以上の長い土手の区域だが、川上の森林地帯へ行けば行くほど線量は高くなる。ちなみに浪江高校裏の川下の方では二～三マイクロシーベルト（一時間）だったが、川上の阿武隈山地に近い場所で測ると二〇～二三マイクロシーベルトを記録した。原発が爆発した際、おりからの北西風に乗って大量の放射性物質が降り注いだのがこの地区だった。この土手もちょうど北西の方角の方に伸びており、川上に行くにつれ線量がぐんぐん高くなるのだ。それにしてもわずか一キロで一〇倍も差が出るとは驚きである。

この場所で毎日、約八時間作業するわけだが、その防護対策は何ともおそまつというしかない。

まず、個人の外部被ばく線量を測るため配布される線量計。仕事に入る際に作業者証のバーコードを読み取り機にかざして入域チェックした後、机の上の箱に山積みされた線量計を各自受け取り、スイッチを入れるのだが、たまに入れ忘れる人がいる。それでも大丈夫、返却時に当日の積算線量を見て報告するのは個人で、スイッチを入れ忘れても、適当な数値を係員に言えばいいのだ。誤操作で変な数値が出ても、係

集草作業中の私　浪江町酒田地区で

員は同僚の数値と同じ線量を記録するだけ。まあ、第一原発などと比べれば、一〇分の一以下くらいの線量なので多少の誤記があっても影響はないということか。

毎日の外部被ばく検査にしても、浪江高校の入退域所で担当者がＧＭ管（放射線測定器）による全身測定を行うが、サッサッと見るだけ。イチエフでの厳しい検査とは比べものにならない。車両のタイヤの放射線測定も、毎日検査場に行って測定するように言われたが、忙しい時など、パスしてしまう。一応、車両ナンバーはチェックするが、検査はあくまで任意なのである。

さらに、除染作業員にはガラスバッヂの携行が義務付けられていない。作業中の外部被ばくは線量計で計測するが、勤務時間外の被ばく線量はノーカウントである。第一原発作業員などは常時ガラスバッヂ携行が義務付けられており、管理区域外の通勤など一日二四時間の外部被ばく線量が記録され、毎月の積算値に加味されるが、除染作業員にはそれがない。第一原発に比較すれば低い値かもしれないが、個人の正確な線量を測る姿勢がないと感じた。

おまけに内部被ばく対策もいい加減だ。一応、入域時にはゴム手袋、綿手袋、サージカルマスクは支給されるが、第一原発のようなカバーオール（つなぎ服）は着ない。ヘルメット、ゴーグル、アノラック、安全ベストは各会社から支給されるが、安全長靴や作業着は自前だ。避難区域でも高線量の地域の中にはカバーオールが支給されるところもあるが、浪江町はじめ多くの除染現場の防護体制はまちまちなのだ。管理、監督も不徹底で、現場では平気でマスクをはずすことも日常茶飯事、汚染した手袋やアノラックの処分もずさん、個人への教育、指導は現場監督者に任せられているのが実態である。これでは、鼻や口から取り込む放射性物質の防護は不十分だ。

そもそも休憩時や昼食時での休憩所がなく、狭い車内で済ますしかないところに問題がある。多くの作業員が休憩の際にタバコを吸うのだが、喫煙時は当然マスクを下げて吸う。煙がこもるので（私のような非喫煙者もおり）窓を少し開けて吸うことになる。その際、外気から汚染物質が車内に流れ込み、口や鼻から体内に入る可能性は十分あるのだ。昼食時は、私もマスクやゴム手袋をはずして摂るので窓を開ければ当然汚染物質が入り込む。上からは、「タバコは外で吸わないように」と言われており、私など非喫煙者は仕方なくトイレカー（簡易トイレを荷台に設置してある軽トラック）に移動して休むことになる。でも、道端や藪の中で喫煙する人もたまに見かけた。終業時の身体汚染測定もなく、ホコリまみれの作業着のまま宿舎に帰るのである。総じて、環境省の外部・内部被ばくに対する防護体制、教育はお粗末というしかないというのが実感だ。

二人補充されたが

Hさんが辞めるというので会社はその後補充として、三月末に新たに二人入れた。これでチームは八人体制となったのだが、士気は揚がらない。竹本さんからは「上から遅れていると言われている」とハッパがかかるが、「俺たちがサボっているとでも言うのか」と、同僚の中には反発する者も出る。確かに、当初二〇人でやる予定が七人しか集まらず、そのうち二人がずぶの素人（私も）、そして一人が辞めては、工期に間に合わないという焦りが出るのも当然か。しかし、同僚は「最初から無理があったんだ。本気にやる気があったら、未経験者は採用しないとか、日当を少し上げるとか、やり方はいくらでもあったはずだ」と厳しい。

それでも急きょ二人の経験者を入れ、私たち新人も徐々に仕事のコツを覚えるようになり除染のペースは上がっていった。そのうち厳格に見えた竹本さんの指示もだんだん甘くなっていく。最初は草木だけでなく地面から五センチくらい土も剥ぎ取るようにと厳しく言っていたのが、そのうち、土は適当でいいから表面の草だけはきっちり刈るようにというように変化していった。K建設の担当者が進み具合を点検する際、草がなくなり地表の土が露出していれば除染したという印になるから、体裁だけ整えればいい、といういわば手抜き工事である。

さらに八人では間に合わないとみたのか、他の会社からの応援も来るようになり、作業人数は三倍以上に膨れ上がった。当初はずっと続く土手を見て、これは夏までかかるだろうと漠然と思ったものだが、人海戦術により土手は見る見るうちに刈られていった。

周知会

ある日の午前中、急に「午後、周知会をやるから全員、ヤードの空き地に集合するように」と言われることがあった。この「周知会」というのは、何か現場で事件があった時、緊急に作業員を集めて「お叱り」をする会らしい。その日は、私たちが刈った草木の中に、鉄くずが混じっていたというものだった。毎日行う集草作業は、小さな雑草や土砂はフレコンバッグに入れるが、大きな木や竹は袋に入れず、まとめてトラックに積んで少し離れた集積所に持ち込んで大きな破砕機で粉砕し、細かいチップにして処理するのだ。その際、草木以外の異物が混じると機械がストップ、稀に破砕機の歯が壊れることもあるという。集積所はこの一般の草木のほかに竹類専門の破砕機を設置した集積所があり、荷台の草木の中に竹がたくさん見つかれば、「第二（竹専門）の方に行ってくれ」と断られることもあった。

集積所には周辺のエリアからいろんな業者が来るのだが、どうやらこの日の朝、混入した異物を持ち込んだ「犯人」を私たちのチームと決めつけたらしいのだ。周知会では事実経過の報告があり、説明を求められたが、みんな「そんな鉄くず見たこともない」と完全否定。

私も荷積みの作業に加わっていたから、小さい鉄ならともかく、言われるような鉄の塊など入れるはずがないと思った。集積所を担当するH重機の係員が、数ある業者の中でなぜ私たちに目を付けたのか、「冤罪だ」という声も出た。新参の私たちのチームをこころよく思っていないのか、そういえば荷積み担当のTさんが「あいつらチンピラだ」とH重機の作業員の対応に怒っていたのを思い出した。結局、その事件はうやむやに。上のK建設としては、注意があったので不本意ながら形だけでも「周知会」を開いて恰好を示したということだったかもしれない。

その翌週にも周知会が開かれた。今度はフォークリフトで作業中に誤って架線を切断したというもの。NTTの電話線だったらしく、今度は「犯人」もわかっており、全体への注意となった。再発防止策を話し合い、「目立つピンクのリボンを架線に付ける」という提案があり、翌日から実行することが決まり、丸く収まった。

そもそも、この周知会を主催するK建設の責任者は、現場にはほとんど顔を出さない。朝礼で指示を伝えた後は、用事がない限り作業現場には来ないのだ。毎日終業後は例の元結婚式場に設置されたJV事務所内のK建設の部屋で、各チームの職長を交えたミーティングが行われるが、よっぽどの事がないかぎりその内容は伝わってこない。環境省をトップに、JV、一九社の元請け、私たち二次下請けというピラミッド体制は秘密主義そのもののようだ。

入所当初、建設現場で長い経験を積んだという竹本さんに、冗談ぽく「今は談合なんてないんでしょうね」と訊いたことがあったが、「あるに決まってるでしょ」と返された。実力者による「鶴の一声」で担当会社が決まるのは当たり前だというのだ。公共工事一般について言ったものだったか、この除染事業にもやはり談合はあるのだろうと思った。そういえば、除染の担当エリアは各JVで住み分けがされている。その下の元請けを束ねる親分的役回りを担う者がいておかしくない。原町の飲み屋街で、よく同じ業界筋と見られるグループに出くわしたことがあったが、あれははたして談合の席だったか。

浪江の桜

四月に入ったある朝、上のK建設の部長が朝礼で変な事を言った。「予定していた次のエリアの仕事ですが、昨晩H重機の社長から上のJVの担当者に電話がかかり、俺たちがやるからと言われ、彼らに任せることになりました」と。聞けば、当初は地元会社のH重機が担当するはずだったが、「人数が揃わない」ということで、私たちに任せることになっていたという。それが、急きょ「俺たちにやらせろ」との直談判で覆ったのだ。部長の口調では、どうもその社長は〝こわもて〟のよう。仕事をお願いする立場のJVとしては、弱腰にならざるを得ないのか。それにしても、そんな「鶴の一声」で仕事が取られてはたまったものではない。その時は、雑談のように思っただけだったが、それが予兆となるとは。

毎日、土手と格闘する仕事は単調だが、自然の風と太陽の下で体を動かすことはそんなに苦にならなかった。かつて郵便配達をしていた時も、四季の移ろいを感じながらする外作業はけっこういいなと感じていたものだ。

四月上旬、土手の道沿いの桜並木が一斉に開花した。仕事に入った頃は大雪で銀世界だった土手、雪が解けて地肌の茶色が現れ、三月に入ると若芽の新緑に、そして今、地表の赤や黄色の小さな草花の上にはまぶしいようなピンクのじゅうたんが覆っている。やがて桜吹雪が舞うようなった。土手の斜面でもくもくと仕事する私の熊手の上にもヒラヒラと桜の花びらが舞ってきた。

ふと、言葉が「降ってきた」。


除染する熊手の上に降る花弁愛でられず散る浪江の桜

この時浮かんだ短歌を投稿したら後日、『朝日歌壇』に掲載された。生まれて初めて詠んだ歌だった。

解雇というのか

当初は鬼軍曹のようにハッパをかけていた竹本さんの口調に変化が現れるようになったのは四月に入ってから。「仕事が少なくなってきた」と言い始め、来月五月の連休は「各自好きなだけ休んでいい」とまで言い出す始末。そして四月下旬のある日の午後、急に「集まってくれ」と召集がかかり、「五月から仕事があるかわからない」と通告される。

契約書には「除染作業予定日二七年七月三一日」と一年以上は仕事があるように書かれていたのに、まだ四か月も経ってないうちから作業終了を匂わされたのである。私も含めこれにはみんな驚いた。中でも三月末から投入された二人の口から「失敗した」という言葉が出たのは当然のことである。新しく来た二人は今までい

桜並木の下で除染作業

くつかの除染現場を経験しており、やはり工期終了で私たちのC社に応募してきたのだった。「除染現場は当たり外れがある。でも入ってみないとわからないんだ」としみじみ言っていた。入って一か月でもう工期終了を通告されたこのC社は完全に外れということだろう。

次の日には、「五月連休明けからは農道わき用水路の除染に入ることになるが、人数は半分くらいでいい」とまで言われる。もうみんな厭戦モード、そして就活モードに入る。竹本さんも露骨に「第一原発ではもっと楽で給料の良い所はいくらでもある」と冗談まじりながら就活をすすめるような軽口を言うようになった。

そして五月の連休明けにはついに除染作業が終了、近くの用水路の清掃作業に移ることになった。次の週の昼休み明け、竹本さんがみんなを集め「仕事は六月末で終わる」と正式に伝える。怒った同僚Tさんが「解雇というのか」と語気を荒げ詰め寄る。慌てた竹本さんは「そういうことではない」と濁すが、七月からの仕事は明示できない。「そういうことだったら、もう今日で辞める」と言い出す者も。「今、急に辞めてもらっては困る」と竹本さんは必死になだめるだけだった。もう、そのころになるとみんな疑心暗鬼、いつ辞めるか、とお互いの顔色を伺うように。私はというと、その話が出たころから、いい機会だと五月中に退職する決意を固めていた。斜面の作業の連続で持病の腰痛が悪化、さらに熊手や箒を握っていたせいか手首にしびれが出るようになっていたのだ。

今度始める用水路清掃作業だが、人数が少なくなれば残った者に負担がかかるのは目に見えている。「早く辞めた者勝ち」みたいな雰囲気、でもすぐに次の職が見つかるわけでもなく、「しょうがないが六月いっぱい勤めるか」という人もいる。すでに学級崩壊ではないが、チーム崩壊状態である。その時点で私を含め三人が退職の意思を表明していた。

日付なしの「退職願」

数日後、会社の上部の「次長」という人が現場事務所を訪れ、正式な話し合いがもたれた。冒頭「当初もう少し長くお願いする予定でしたが、私どもの力不足で申し訳ありません」と謝罪した後、「元請けでは次の工区の受注は取っていますが、書類などの準備で仕事開始まで三か月はかかると言われているので」と言い訳。「しかし」と続ける。「これで雇い止めということではありません。希望する方がいれば、私どもの会社の仙台の方で違う仕事がありります。ただ、現在より少し給料の方は下がりますが」と。その「少し下がる」金額が問題なのだ。除染では国から一万円の危険手当が出るが、他の土木現場で出るはずもなく、「下がる」のは少しとは思えないと誰もが思ったはず。

これを聞いた同僚からは「一年はあると思っていたのに。せめて半年継続していれば、失業保険や年休なんか出たはず」と不満の声が出る。怒った仲間の一人は「もう今日で辞める」

と言い出す始末。次長から必死に慰留され、やがて収まったが、みんな憮然として引き揚げた。帰り際、事務員から、「日付なしで、退職願を書いてください」と便箋を渡される。ああ、これで「解雇」ではない「自己都合退職」にする気だなあ、と直感。不満ながらもすでに私は退職する意思を伝えてあるので、その場で、「一身上の都合により」というお決まりの退職願を書いて渡した。でも、「実質、雇い止めだなあ」という感じは拭えなかった。

その夜、気の合う仲間となったTさんと二人だけの「送別会」を町中の居酒屋で開いた。彼は、この除染の次にはぜひイチエフに行きたいと言う。実は除染に入る前、イチエフの下請け会社に面接に行った際、「死んでもいいからやります」と決意を語ったところ、「オーバー過ぎたのか不採用」となった苦い経験があったのだ。でも福島に来たからにはぜひ第一原発で働いてみたいと。私も、次はイチエフ行きにチャレンジすると言うと、「じゃ先に行って待っていてください」と激励され握手を交わした。彼はその後、富岡町の除染作業に入ったというが、何とそこには私たちのチームで一緒だったNさんが上司として着任、Tさんを使う職長として現れたという。「まいったなあ」とさかんにTさんは電話口でこぼしていた。

福島を去る前の夜、懇意となった店主に「お世話になりました」と告げると、「ぜひまた福島に来てください。福島を忘れないでください」と言われ、胸がいっぱいになったのを覚えている。

何のための除染

毎日、毎日、土手の斜面に向かい除染作業をつづけていると、「何のためにこんな仕事をしているんだろう」という疑問がふと湧いてきた。長かった福島の冬が終わり、一気に開花した色とりどりの草花を「除染」という名目で容赦なく刈り取る私たち。土の中から顔をのぞかせる蛙や蛇や昆虫なども汚染土と一緒に黒い大型土嚢に押し込む。可哀想だなと思いながらも、仕事と割り切って緑一面の土手をどんどん土色に変えていく労働。

「自然破壊」という言葉が浮かぶが、すでにここ福島の自然は原発事故で破壊されているのではとの思いが錯綜する。見上げれば青い空には野鳥が飛び交い、土手下の小川には魚が群れをなして泳いでいる。春には山菜や筍、秋にはきのこや木の実が採れるのどかな里山の風景だが、そこには人の姿がない。イノシシの姿をよく見かけたが、こちらに人間がいるというのに、川の向こう岸の竹藪の中をのんびりと歩いていた。あれから三年経っているので、事故後に生まれたイノシシかもしれない。以前の人間たちがたくさんいた風景を知らず、人間に対して何の恐怖心もないのだろうか。行き帰りの国道6号線の車中からも散らばるガレキの上からこちらを睨むようなイノシシも見た。なんか、俺たちの居場所をこんなにしやがって、と走り去る人間どもを威嚇しているように思えた。

何も知らない野生動物たちは静かな自由を謳歌しているようだが、将来この生態系がどう変化していくか、そして放射能汚染による食物連鎖がそれぞれの個体にどんな影響を及ぼすか、誰もわからない。人間の犯した過ちが彼の地のすべての生き物の未来を変えていくと思うと、あらためて原発の罪深さを認識するのである。

「除染じゃなくて除草だな」。工期が押してくると表面の草だけ刈ればいいと指示され、形だけの「除草」にするようになったが、素人でもわかるように、汚染のもとである土壌を取り除かなければ空間線量はあまり下がらない。実際、私が除染作業した浪江町の河川敷の空間線量は、実施前一時間あたり四マイクロシーベルト超だったが、実施後三か月に同地点を計測してみると三・五マイクロシーベルトとわずかしか下がっていなかった。これでも「下がった」と環境省は認定するのだろうか。

除染直後は土肌がむき出しとなった土手も、三か月もたてば新芽があちこち顔を出し、緑と茶色のまだら模様となっていた。盛夏になればきっとまた元の緑のじゅうたんで覆われ、線量も上がるだろう。だから作業員は「除草作業」と揶揄するのだ。

そんな中、刈り取った草木や剥ぎ取った土石などを詰めたフレコンバッグの黒い山がどんどん築かれていく。元は田んぼや畑だった平地に行き場のない汚染袋が野積みされていく光景は異様だ。時間が経てば、フレコンバッグの生地から汚染物質が土壌に沁み出していくのは避けられない。事実、押し込んだ木の枝がフレコンバッグを突き破り飛び出ている光景を何度も見た。それを恐れてか、私たちが仮置き場とした田んぼでも、地権者が貸さないというエリアが存在した。朝礼で地図を示しながら「この区画には絶対に入らないように」ときつく言われたものだ。誰か作業員が無断で踏み込んだことがあったのか、地権者がJVの担当者に怒鳴り込んできたらしい。やはり、あの黒い土嚢を先祖から受け継いだ田畑に積まれたら心配だろう。しかし、除染もしなければならないというさまざまな思い。よそ者の作業員が自分たちの田畑に入り込むということにも抵抗はあるかもしれない。

国は大熊町と双葉町に中間貯蔵施設を建設することを決めているが、第一原発周辺で国直轄の除染対象地域となっている十一市町村では、このような仮置き場が一七五か所も設置されて

土手の上から見たフレコンバッグの山

いるという。施設が出来たとしてもこれだけの土嚢を移動するのは容易なことではないだろうし、その後再び除染をしたとしてもはたして元の田んぼや畑が復活するだろうか。一応、田んぼや農道の除染は、表土の五センチを剥ぎ取り、その上に汚染されていない山砂を敷き詰めるのだが、土は作物が生育できる状態に戻るまでには相当な年数がかかるという。ましてフレコンバッグを置かれ、汚染水が深く地中に浸透したような田んぼでは気の遠くなるような歳月を要するだろう。

どれくらい除染すれば人は帰るだろう自問を胸に刈る浪江の草花

（『朝日歌壇』五月一九日掲載）

除染予算の半分が未執行

ここ浪江町の居住制限区域（年間積算線量が二〇ミリシーベルトを超える恐れがある地域）は環境省が「希望される方が一日も早く帰宅できるよう」にと、「平成二八年度までに二〇ミリシーベルト以下になることを目指して」除染を進めている「除染特別地域」である（長期的には年間一ミリシーベルト以下を目指すという）。私たちが担当したエリア（浪江町酒田地区）は、環境省の基準をクリアしたとして、浪江町では最初に「除染完了」地域となった。

浪江町としては、平成二九年三月の避難指示解除を目指して「復興まちづくり計画」を進めているが、その前提となるのが除染による線量の低減である。しかし被災した各県の除染がほぼ終了したのに比較して、福島県の除染は進んでおらず、浪江町にいたっては二〇一三年度で宅地・農地で五％、道路・森林で約八％という低さだ。福島県の前年度予算の除染費用は九九六〇億円だったが、実際に執行されたのは五〇・一％に過ぎなかった。その理由としてあげられているのが、人手不足と人件費・資材費の高騰である。

なぜ人が集まらないのか。確かにオリンピック関連で東京に労働者が流れるというのもあるだろうが、除染現場の労働条件が悪すぎるという面もあるのではないか。炎天下、あるいは寒空の下で放射能のリスクを背負いながらする労働の対価としては、一日の特殊勤務手当一万円（一律）プラス五千円〜七千円の日給（下請け会社で異なる）は決して高いとは言えないだろう。そんな中、環境省は「除染開始二年で線量が下がるなど環境が改善した」として二〇一四年四月から居住制限・避難指示解除準備区域での特殊勤務手当の日額を一万円から六六〇〇円に減額したのだ（浪江町など帰還困難区域は据置）。これでは労働者が集まるわけがない。

さらに問題は金だけではない。環境省をトップに大手ゼネコンから階層化される下請け構造の中、除染労働者は無法状態に置かれている。この先五兆円を超えると言われる除染予算に群がる建設各社。手当ピンハネや労災隠し、二重派遣など違法事例は四次、五次下請けの現状では後を絶たないだろう。昔ながらの封建的な建設現場で親方（職長）の権力は絶対、パワハラなどあたりまえ。仕事場だけでなく飯場で寝食を共にするなか、小学生並みのいじめや告げ口も日常茶飯事となる。実際、私の同僚の中には、新人に対して「あいつ、いじめて辞めさせてやる」と公言するような者もいたくらいだ。そんな環境に嫌気がさし辞めていく者も少なくない。「金じゃない。少し安くても楽しい現場がいいんだよ」と同僚はよく口にしていた。こうして除染労働者はよりましな現場を求めて渡り鳥のように移っていくのだ。

集団ボイコット事件

一緒に仕事していると仲間から他の現場のいろんな話を聞く。

たとえば「ちくわ事件」。ある除染作業員がコンビニでちくわを万引きして警察沙汰となってしまった。数日後、元請け会社から「社の名誉を汚した」と共同責任として捕まった下請け会社全員が「出入り禁止」となってしまったというのだ。ひどい話だと思うが、このように生殺与奪の権利は元請け会社が握っているのである。

いきなり「雇い止め」とはならなくても、生殺しのような扱いをされることもある。「ローテーション」と言えば聞こえがいいかもしれないが、要は人が余っているので何人かずつ交代で現場に出るということ。それも前日、職長が対象者を紙に書いて貼り出すというのだ。職長の恣意的判断で何日も干される人もいて、結局は辞めざるを得なくなるという。

こんな人権無視の現場だが、労働者は泣き寝入りしているばかりではない。ボイコット事件というのを聞いた。ある現場で元請け会社の職長Aは、下請け会社の作業員Bに対し日頃から「辞めてしまえ」「この馬鹿」とか暴言を吐いていた。定例の飲み会があり、Aと同席したBはずっと溜まっていたものが出たのか、思わずAの胸ぐらをつかんでしまった。仲間たちはBを押さえその場は事なきを得たが、Aは直ちに「クビだ」と宣告。元請けからクビと言われたら従うしかないと、ショボンとなったBに仲間たちは同情した。前々からのいじめに近い言動にみんな腹を立てていたのだ。Aが帰ったあと、「あしたボイコットしよう」という言葉が誰かの口から飛び出し、「よし、やろうぜ」と盛り上がった。さっそくその場にいない仲間に手分けして連絡。中には「稼ぎたい」と言って休まない者もいたが、数人を残して大半の仲間がボイコットに参加すると表明する。チームリーダーまでもが参加すると言い出したが仲間がそれは諫めた。結局、翌日「食中毒にかかった」と二〇数名が一斉に電話して休みをとった。出たのは数人のみで作業は中止に。翌日もまた「食中毒」。事態を重く見た元請け会社が動き出し、背景にAの言動があることをつかむ。結局、Bの事件は「不問」とされクビも白紙に。みんな三日目から平常勤務についたという。自然発生的なストライキとも言えるが、除染現場での仲間の絆が生んだ解雇撤回の事例である。

わずか四か月間の除染体験であったが、郵便現場とは異次元の世界がそこにはあった。未曽有の原発事故を起因とした除染という特殊な職種、漠然とした被ばくへの不安を抱えながらも労働者は作業を続けている。金だけではない、福島の復興に少しでも役立ちたいという思いを抱いて働く労働者も少なからずいることを知った。

居酒屋で

息抜きで週一度くらい、三〇分ほど歩いて原町の居酒屋に呑みに行くようになった。入所当初は寮の夕食をとっていたが、食堂ではアルコール禁止だったので、しかたなくトレイで食事を部屋まで運んでささやかな晩酌をしていた。同僚のTさんから「夕食は高いし旨くないからとらないことにした」という話を聞き、飛びついた。一応、朝夕食代は給料から差し引かれるのだが、何か理由を付ければ取らなくていいことになっている。さっそく、寮長の所に行き「糖尿病で食事制限があるので」とTさんと同じ「病名」を告げて、控除してもらうことにした。それからは近くのスーパーやコンビニで惣菜や刺身を買い、部屋でゆっくり酒を飲みながら夕食をとった。だが、毎日では飽きてくるので、休日前などは三〇分ほど歩いて呑みに出かけるようになった。

入り易そうな店に飛び込み、一人で呑んでいると店の人から訊かれる。「除染やってます」と答えると、「それはご苦労さまです」と決まって言われる。隣合わせた地元の人からも「遠くからありがとうございます。まあどうぞ」といっておごってもらったことも一度や二度ではなかった。お世辞ではなく感謝されているんだと思うと、正直うれしかった。

でも、ある店の主人から「ご苦労さまだけど、除染は意味ないんだよね」と言われた時は少しショックだった。本人は私たちが毎日通う浪江町に住んで飲食店を経営していたが、避難して今はこの南相馬市の原町で居酒屋をやっている。以前の浪江町の自然の移ろいを懐かしそうに語るが、「もう戻れない」と吹っ切れたようだ。「いくら除染しても森林をやらなければ無理なんだ」と怒ったように言って、もう帰還はあきらめた、と。そう言いながら、遠方から除染に来ている作業員に部屋を貸したり、泊まらせたりして面倒を見ているという。呑みに行くと、サービスだと言っていろんなつまみをいただいた。

この店にはやはり浪江町にいて避難した人も来るが、その女性は毎月、一時帰宅で元の家を訪れ部屋や庭の清掃をして帰還に備えているという。戻らない人、戻りたい人、その選択はさまざまだと実感する。でも、戻りたい人がいる以上、私たちは少しでもそのお役に立ちたいと思う。意味がないと思う人もいるかもしれないが、やれば少しは線量が下がる以上、除染は無意味とまでは言えないだろう。

だが、渡り鳥のように除染現場をはしごしていくと、除染の仕事への意識もだんだんと希薄になるもの。まして私が経験したように、工期終了という最後通告がいつ来るかわからない現場では、不安で仕事に集中できなくなるのも当然かもしれない。環境省直轄の除染と自治体発注の除染があり、労働条件も賃金も被ばく対策もまちまちという現状も問題である。やはり、ゼネコンに丸投げの現状を改め、国が責任を持って一括で除染事業を進める体制が、住民にとっても作業員にとっても必要であると痛感した。

〈第2章〉イチエフに入る

原発は面接三回

二〇一四年五月、不本意な形で浪江町での除染作業を終えた私は、すぐ次の職探しを開始した。今度こそ〝本丸〟ともいうべきイチエフ、第一原発に入る、と。そしてハローワークに通う日々が再びつづいた。じつは前回もイチエフ勤務を希望したのだが、求人票に「年齢不問」とあっても、問い合わせてみると、「六〇歳以上の方は元請け会社では採らないと言われている」とことごとく断られた経緯があった。今回も無理かなと思いながらも、ダメ元の気持ちであたってみると、何と六〇歳以上でも「かまいませんよ」という会社があるではないか。「明日の夕方五時に事務所に来てください」と言われ、半信半疑ながらさっそく履歴書持参で、いわき市のK社に行くこととなった。

七月某日、指定された事務所を訪ねると、応答がない。「ごめんください」と何度か声をかけると、奥から「何かご用ですか」とタバコをくわえた背広姿の男性が現れた。「今日五時から面接ということで来たのですが」と言うと、「ああそう、今誰もいないのだけど」とそっけない。「ちょっと待って」とどこかに携帯電話をかける。しばらくして、「俺がやるから」と言って差し出された名刺には、「取締役社長」と。緊張しながら履歴書を手渡すと、「ほう、郵便局ね。何でまた福島に」と尋ねられる。ちなみに、私の履歴書には、高校卒業後、地元郵便局に採用、四二年間勤務して定年退職、と自分で言うのも何だが、まっさらな非の打ちようのないような経歴が書かれている。「まだ体が動くので、年ですが福島のために役立てればと思いまして」と答えると、社長は笑みを浮かべて「全然大丈夫ですよ。仕事は軽作業ですから」と、もう「採用」決定のようだ。健康診断や諸手続きの話を聞き、「何か聞きたいことがあれば」と言うので、恐る恐る「社会保険なんかはどうなってますか」と聞くと、社長は笑いながら「給料が多い方がいいでしょう」とあっさり加入しないことを告げられてしまった。求人票には「健康保険・厚生年金加入」とあったのに「話が違う」と言いたかったが、そこは呑み込み、「はい、わかりました」と答えてしまった。

これで面接は終了、ホッとしたが、これで終わったわけではなかった。後から、「上の会社の面接がまだ二社ありますから」と連絡が来たのだ。

三次下請け　給料は除染以下

前回の除染作業では、面接なしでいきなり現地集合となったのだが、やはり原発構内となれば手続きは容易ではなかった。八月上旬に再びいわき市に行き、K社の上のE社の面接を他の二人とともに受け、クリア。さらにその上のS社も受けるという話だったが、そこは省略となり、事前教育で行けばいいと。実は、さらにその上に元請け会社のTPT（東京パワーテクノロジー）というのがあり、その上が東電となる。つまり私の直接の雇用主は三次下請けの会社というわけだ。ちなみに除染の時は、二次下請けだった。一社増えた分、中抜きが多いというわけでもないだろうが、給料は除染で一日一万七千円だったのに対し、今度の所では一万四千円と三千円も低くなった。

浪江町など特別地域の除染は国・環境省直轄事業なので、作業員個人に特殊勤務手当（危険手当と呼ばれる）として一日一万円（二〇一四年四月から帰還困難区域以外は六千六百円に減額）が直接個人に支給されるが、原発作業は民間である東電が元締めであり、除染のような特殊勤務手当の個人支給の決まりはなく、下請け各社に支払額は任されているのだ。私の場合、除染では日給が七千円で、特殊勤務手当が一万円、ここイチエフでは日給が一万円で、特殊勤務手当が四千円と、手当だけ見れば半分以下、六千円も低くなった。「被ばく線量も高く、装備もたいへんな作業しているのに、危険手当が除染より低いのはおかしい」とよく同僚がこぼしていたものだが、それだけでなく、除染と原発作業では労働条件のほか、福利厚生面も含めさまざまな違いがあった。まさに似て非なるもの、だったのだ。

ＪヴィレッジでＡＢ教育

健康診断と面接をクリアしていよいよ最後の登録手続きを受けることになる。場所は、今や廃炉作業の前進基地としてすっかり有名になったＪヴィレッジだ。日本サッカー界初のナショナルトレーニングセンターとして一九九七年に福島県楢葉町と広野町にまたがる広大な土地にオープンしたＪヴィレッジは、イチエフから約二〇キロで避難対象地域との境目に位置することから、国・東電が廃炉作業の拠点基地として目をつけたのだった。現在一日に七千人もの作業員が利用する施設、以前のグリーンのコートは巨大な駐車場と化し、ジーコジャパンやなでしこジャパンが汗を流し練習していたグラウンドの面影はない。

この敷地にそびえるセンターホールには、登録センターや会議室のほか食堂やホテルも入っている。以前は、監督や選手たちが泊まったと思われる南側のバルコニー付の部屋には、今は主に女子と幹部社員が、北側に位置するスタッフなどが使用したと思われる部屋は東電男子寮として利用されているようだ。

この三階ホールで、「Ａ教育」の講習を受ける。正式名称は「管理区域入域前教育」と言うらしい。東京電力の（委託？）社員が、放射性物質の種類、核分裂の仕組み、原子炉の構造、ベクレルとシーベルトの違いなど、原子力発電に関する基礎知識をレクチャーするのだ。分厚いテキストが配られたが、だいぶ前に作成されたものらしく、何と三年前の原発事故のことは一切触れられてないではないか。あまりに現実とかけ離れているので、口頭で担当者が一言二言、「事故があり、現在は少し違うところもありますが」と言い訳していたが、全体のトーンは「放射能は安全です」という印象を受けるようなひどい内容だった。もちろん事故の反省など一言もない。

午後からは「B教育」があり、原発の敷地へ入る手順、防護服の着用方法、全面マスクの種類、汚染エリアの区分など、原子力発電所内で作業するための知識を講義、全面マスクを装着する練習も行った。

最後に、被ばくによる疾病に関する労災の話があった。各種がんや白内障、白血病など被ばくによって発症するおそれのある疾病があげられ、「業務で被ばくしたことでこのような病気

Ｊヴィレッジの４階から駐車場を写す

にかかったと思われる方は、お近くの労基署か労働局にご相談ください」と言われた。労基署は労災の申請があった場合、調査し認定するか決めるという。講師は、白血病の場合を例に出し、年間五ミリシーベルト超というのが認定基準となっていると教えてくれた。自分ははたして五ミリ以上被ばくするだろうか、と漠然と考えた。後に、被ばくによる労災は、日本ではこれまで一三人しか認定されていないという「狭き門」だと知ることになる。

A教育、B教育とも講習の最後に三択の小テストがあり、二〇問中一六問正解（八〇点）したら合格である。比較的簡単な問題だが、引っかけもあり結構不合格になる者も出る。でも落ちても、その場で担当者から親切に答えを教えてもらって、見事合格となる。ちなみに私は、Aが九五点、Bが一〇〇点、同僚の中には七〇点で不合格となり「再試験」で合格となった者もいたと後から聞いた。この点数は終了後、すぐ会社に報告しなければならない。

中指静脈を登録、作業者証交付

このあと、中央ホール二階で各種証明書の発行手続きを行う。デジカメで顔写真を撮影した後、個体認証用の中指静脈登録を行う。こんな登録手続きは除染ではなかった。最近では銀行のキャッシュカード作成でも静脈認証というのを始めたそうだが、私は初めての経験。指示された機械に右手中指を突っ込み、奥にあるボタンを軽く押すのだが、これがうまくいかない。やっと三度目の挑戦で認識された。

各種手続きを済ませ三〇分ほど待機、晴れて東電ロゴ付の「作業者証（構内）」が交付された。このＩＤカードには右側に顔写真、左側に八ケタの個人番号と氏名、フリガナその下部にバーコードが印字されている。勤務時間や放射線被曝量など、このカードで管理するのだ。「命の次に大切なものだ。なくしたりしたら大変なことになる」と繰り返し脅された貴重品だ。

出入口で「読んでおくように」とＡ４判のチラシを渡された。「外部の報道機関などに仕事上知りえた情報や資料などをみだりに漏らさないように」というようなことが書かれていた。いわゆる「情報漏えい禁止」の注意チラシである。除染の時はこんな事は言われなかった。やはりイチエフは別格なのだと思った。

自分の顔写真付き東電ロゴ入りのＩＤカードをしみじみ眺め、少し感動した。ついに念願のイチエフ行の切符を手にし

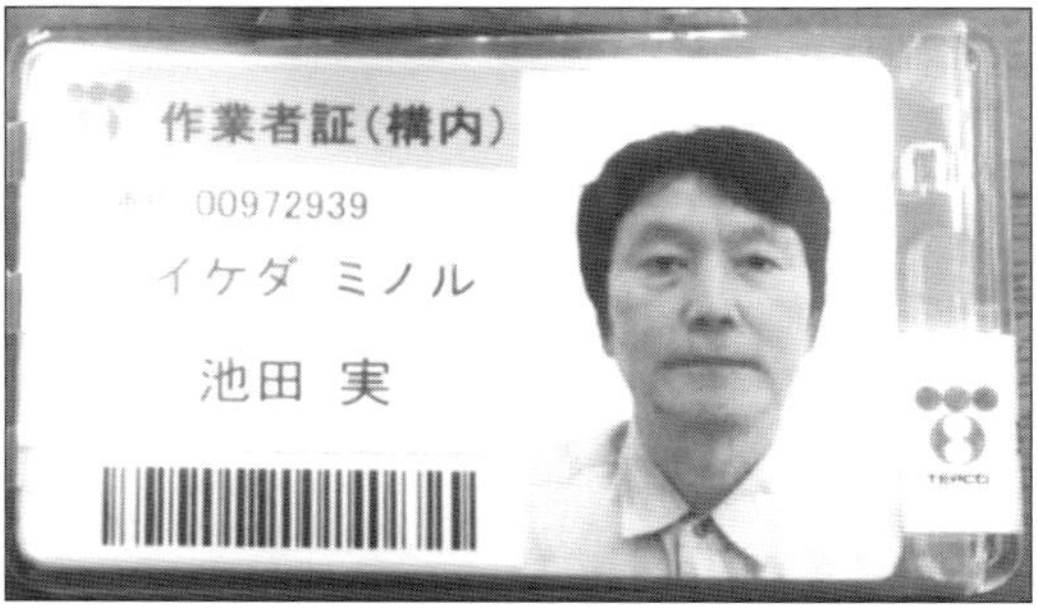

作業者証（構内）

たのである。

通称「公務員宿舎」に入居

入所手続きを終え、案内されたのはこれから私が住む会社寮だった。いわき駅から北へ車で一〇分ほどの所にある民間アパートの一室を会社が借り上げたもので、築四〇年以上は経過しているだろう、木造二階建ての一室に案内された。「少々古いですが」と言われ中に入ると、かび臭さが鼻をつく。畳はへこんで、壁もシミだらけ、予想はしていたものの、かなりの部屋である。風呂場には小さな風呂桶があったが思わず「棺桶」という言葉が出かかるほどだった。トイレはもちろん和式だが、「ここは良い方です。他の寮はポットン式ですから」と言われ、納得してしまった。でも冷蔵庫、ガス台、電子レンジもあるので、当座はしのげるかと。ただ、除染の宿舎のようなエアコンはどこを見回してもなかった。

お盆は過ぎたとはいえ、まだ八月中、夜眠れるかと心配が先立つ。部屋は六畳と八畳の二間で、いずれもう一人入ってくると言われた。気になる相棒は、五九歳で元警察官だという。面接の時、社長が「寮には元郵便局員のあなたと元警察官の人が住んでもらうことになると思います。まあ、公務員宿舎ですな」とニヤリと笑っていたのを思い出した。一応、部屋はふすまで仕切ることができるが、トイレ、水回りなど一つしかないのでプライベート空間とはいかない。まあ、それは覚悟のうえのことだが。

「前はここに二段ベッドを置いて四人住んでいたんですよ」と言われ、ドキッとした。まさか、そうするつもりでは、と不安になる。だが、心配しても始まらない、と気を取り直して、新生活のスタートをきった。が、たちまち夜の蒸し暑さにダウン。一階だが、少しは風も通るだろうと思い、窓を開けようとすると、片方の網戸がない。大丈夫だろうと窓を少し開けると、確かに風は来たが、一緒に蚊や蛾なども侵入してくる。慌てて閉めたが、しばらくは蚊、ゴキブリと格闘するしかなく、暑さは我慢することに。しかたなく冷蔵庫を半開きにして涼をとり、一晩眠れない夜をしのいだ。

イチエフに初出勤

翌日はS社に行き、C教育を受けた。ここには他社の二人もいて計五人でS社の現場責任者中根さん（仮名）から午前中いっぱい講義を聞いた。内容は、具体的な仕事の中身や熱中症対策など、「まあ私も毎日やってますが、池田さんみたいな年齢の方でも十分やっていける仕事です。でも自分はまだ若い者には負けないなんて無理はしないように」と最後に中根さんから念を押され、嬉しいような馬鹿にされたような。本当はこのC教育の後、D教育というのがあるのだが、それは実際仕事に入り一〇日間の実地訓練で済ますものだと後から聞いた。まあ形式的な教育ではあるが、こうして法定の「ＡＢＣＤ教育」をすべて終了して、いよいよ〝夢のイチエフ〟に入ることになった。

初出勤の日、朝五時二〇分に一緒に入ることになったＵさんが車で寮まで迎えに来てくれた。途中、同じく今日入るＮさんを拾ってＪヴィレッジに向かう。

車中で、ＵさんからガラスバッヂとＷＩＤ証という作業者証とは違うＩＤカードが支給される。ガラスバッヂは構内以外での外部被ばく線量を測る線量計、ＷＩＤというのは工事件名と工期、担当企業とバーコードが印字されているもので、どちらも「絶対なくさないように」と言われた。赤い紐とフックが付いており、先に渡された作業証と一緒に付けることにした。

この日から毎朝、車に乗る時、必ずこの作業証・ＷＩＤ・ガラスバッヂの三点セットの携行を確認するのが日課となった。

いわき市にある寮を出発してから、まずコンビニに寄る。今日の朝食と昼食を調達するのだ。サンドイッチと缶コーヒーは朝食用、おにぎり二個は昼食用、という具合に買う。同じだと飽きるので、菓子パンにしたり、違うおにぎりにしたりと変化を持たせる。再び車に戻り、パンをほおばり、缶コーヒーで腹に流し込む。運転手のＵさんも慣れたもので、ハンドルを握りながらパンと飲み物を器用に口に入れる。

国道6号線は早朝ラッシュ、同業者たちの乗用車が列をなしている。赤いテールランプがうねうねと続き、何か赤い大蛇のようにも見える。寮を出て約五〇分、フロントガラス越しに、朝焼けに浮かぶJヴィレッジの巨大な建物が見えてきた。

これからの駐車場探しが朝の第一仕事。以前は六面もあったという芝生のサッカーグラウンドは、事故後は一日千台以上の車が止まる原発作業員用の巨大駐車場として利用されている。昼夜、入口には駐車係が立って車を誘導する。何せ千台もの車が止まるので、Jヴィレッジの建物入口に近いスペースからいっぱいになる。作業員は二四時間働いているので、朝早く夜勤明けで出庫する車もたまにいる。目ざとくそんな車を発見したら「ラッキー」とみんなで言い合いながら車を入れる。前は緑の芝生だったたかもしれないが、三年も経てばもうデコボコの地面になっている。空いている、と思い車を入れようとすると、下は前夜降った雨で水たまりだったりすることもある。一見、車の展示場のようだが、車ナンバーはやはり「いわき」が多く、次に「福島」「郡山」「会津」の福島県ナンバーで、全体の八割くらいは地元の車のようだ。以前、除染で働いていた宿舎の駐車場では福島ナンバーは少なく、東北はじめ全国のナンバーが見られたのとは大違いである。

シャトルバス

ここで車を置いて、Jヴィレッジのセンターホールに向かう。中の待合所でK社の私たちのチームの仲間六人と顔合わせした。私たち三人が入る三週間ほど前からイチエフに入っていた仲間たちであった。みんなニコニコと私たち新人を迎えてくれた。

ここから連絡バスに乗り、イチエフまで行くのである。すでに何十人もの作業員が入口でバス到着を待っている。入口には「1F行き」「2F行き」などの案内が貼ってある。やっぱり、「1エフ」「2エフ」というのは、通常で使われている呼び方なんだと認識する。建物の内部に目をやると、「勇者のみなさん! 毎日の作業頑張ってください」などと壁いっぱいに激励メッセージや色紙が貼られている。折鶴などもある。中学生、小学生からのものが多いが、東電の各支店勤務の社員からの激励もある。中には「命がけで頑張っているみなさん」などという大げさなものもあり、こそばゆくなるが悪い気はしない。

何分か待機後、K社の責任者天野さん(仮名)から「このバスで行くぞ」と言われ、六時四〇分発のバスに乗車することに。定員六〇人乗りの連絡バスは、一〇分~一五分おきくらいに出ているようで、時刻表を見ると早朝から深夜までダイヤがびっしり、一日一〇〇台以上は出ているだろう。車体の色で三社のバスが入っていることがわかる。この大型バスの他、元請け会社専用の送迎バスも運行しているので、Jヴィレッジ玄関のターミナルには車両誘導員がいて忙しそうに車の出入りを捌いている。

バスはすぐ国道6号線に出る。目の前の丘には「道の駅ならは」の看板が見えるが、その下には「現在閉鎖中」とあり、「双葉警察楢葉臨時庁舎」の真新しい看板が。そう、3・11で双葉警察はここに移動してきたのだ。

以前、除染の時は、6号線を南相馬市から浪江町の方に向かって南下していたが、これからは、いわき市から北上して広野町、楢葉町、富岡町を経由して大熊町まで行くのが日課となる。津波の痕が痛々しかった小高地区や浪江町に比べて、同じ6号線でもだいぶ景色が違い、思いのほか復旧が進んでいると思った。が、それは楢葉町ぐらいまで、富岡町に入ると国道沿いに3・11当時そのままの壊れた建物が姿をあらわにする。ここは避難区域で人の立ち入りが許されないのだ。田んぼも手つかずで荒れ放題、黄色いセイタカアワダチソウが一面に広がっている。車両はバスや大型ダンプなど原発関連ばかりだ。

入退域所

車内は、景色を眺める者もおらず、会話する人もなく静まり返っている。朝早いせいか、多くの人が睡眠を貪っているよう。

途中、「第二原子力発電所」の信号を通過、やがて「中央台」の信号機にさしかかる。ここを右折、すぐに「ようこそ、福島第一原子力発電所へ」という看板が目にとびこむ。遠くに水色の排気塔が見えてきた。いよいよイチエフだと思うと、心臓がドキドキする。

バスが停車、「お疲れ様、行ってらっしゃい」と運転手さん。時刻は七時二〇分くらい、約四〇分はかかったか。みんなゾロゾロと降車し入退域所の建物に向かう。いわば関所、これから毎日ここで入所手続きをしなければ中に入れないのだ。

まずは手荷物検査、カメラなどが入ってないか係員が入念にチェックし、金属探知機のゲートを通過。タバコの銀紙や小銭、携帯電話などを身に着けて通るとブザーが鳴って再検査となる。手提げ袋いっぱいの荷物を持っている者の後ろに並んだりしたら、係員は中身を丹念に調べるのでたまったものではない。

ゲートをくぐると、またゲート、今度は個体認識装置だ。ゲートに入り、先日交付されたばかりの作業者証のバーコードを装置に読み取らせた後、右手中指をセンサーに差し込み、先日登録した静脈で本人と確認できたらゲートが開くしくみ。これでつまずく人が結構いる。センサーの奥にあるボタンを強く押し過ぎるのだ。ネコの肉球を撫でるようにそっと押すのがコツだとか。初回は見事一回でクリア、幸先が良い。

次にビニールの靴カバーを履いて階段で二階へ。ここで着替えをするのだ。装備品の棚に行き、ゴッソリ積んである軍足、帽子、綿手袋、ゴム手袋、白マスク、下着の上下、白と青の防護服（カバーオール）を並んで取る。それから作業台で青いカバーオールに備え付けのマジックで所属会社と氏名を書く。遠くでも判別がつくように前と後ろにそれぞれ書くのだ。そしてロッカー場に行くのだが、大手建設会社などは専用のロッカーがあるのに、大手のはずの私たちの会社のはなぜかないので、適当に空いている他社のロッカーを見つけ使用する。

作業着を脱ぎ持参した紙袋に入れる。パンツ一丁になって下着、上着を着る。軍足、綿手袋、ゴム手袋、帽子、マスクを身に着け、最後に移動用の青いカバーオールを着て、いよいよ最終関門に向かう。途中のロッカー前では、新人だろうか着替えの際パンツも脱いで丸裸になる者がいたり、背中じゅう「くりからもんもん」の入れ墨作業員もいたりして、ビックリする。

ＡＰＤと呼ぶ警報付線量計の棚に行き、指定された「〇・八ミリシーベルト」の設定値の青い線量計を取る。次に、そのＡＰＤをセンサーに読み取らせた後、作業者証とＷＩＤ証のバーコードを読み取らせると、モニターに「入域してください」と表示される。最後は「面通し」、係員に自分の顔と作業者証の写真を見せ、ガラスバッヂも確認して本人確認終了、やっと入域が許可される。

再び一階に降り、全面マスクを手に取る。いくつかの種類があり、大きさも二種類あるが、適当なのを選んで、備え付けの濡れティシュでマスクの口部分や周りを拭う。前に使っていた人の匂いが残っているのだ。拭いたマスクは備え付けのレジ袋に入れて持ち、鏡の前でマスクやカバーオールがちゃんとなっているか自分で確認する。最後が安全靴、合うサイズを選び履いて、係員からの「ご安全に」という声に送られて出る。バスを降りてからここまで二〇分くらいはかかったか。いくつもの手順があり「慣れるまで一週間はかかる」と言われた。

気分は兵士のよう

入退域所を出るとチームの仲間と徒歩で詰所に向かう。初めて見る構内、遠くに排気塔や鉄塔が立ち、近くには灰色や水色のタンクが並んでいる。桜並木のメインストリートを歩くこと五分、震災前は下請け会社が入っていた「企業棟」の一角に私たちの「自力棟」と呼ぶ詰所がある。着くと、まず安全靴を脱ぎ棚に置く。それからゴム手袋を脱ぎビニール袋に入れ、青いカバーオールを脱いだ後、綿手袋、サージカルマスク、青い帽子を脱いで、それぞれ廃棄用のビニール袋に捨てる。それから据え置きの線量計、GM管で自分の身体と全面マスクの線量を測り異常がないことを確認後、入域時間、会社名、氏名を記入して奥の休憩室兼ミーティング室に入る。

ピンクの難燃シートで覆われた床にあぐらをかきながら、準備作業をするのだ。

まず、体温、血圧、アルコールを順番に計測器でチェック、各自健康チェックシートに計測値を記入、睡眠時間や朝食を摂取したか、下痢してないかなどの項目も合わせて記入する。

それが終わったら、白カバーオール、軍足、綿手袋、ゴム手袋を着用し待機、トイレに行ったりタバコを吸ったりしてしばし休憩。

九時に一次下請けＳ社のミーティング、全体で二〇数名いる。当日の作業分担を確認した後、ＫＹ（空気を読まない、ではなく、危険予知の略）を行う。今日の作業にどんな危険があるかみんなで出し合い、対策を考えるのだ。例えば、階段で足を滑らせ転倒する危険が出されたら、その予防として、「足元に注意する」となる。

しばし待機後、九時二〇分ころ元請け会社ＴＰＴ（東京パワーテクノロジー）の担当者が詰所

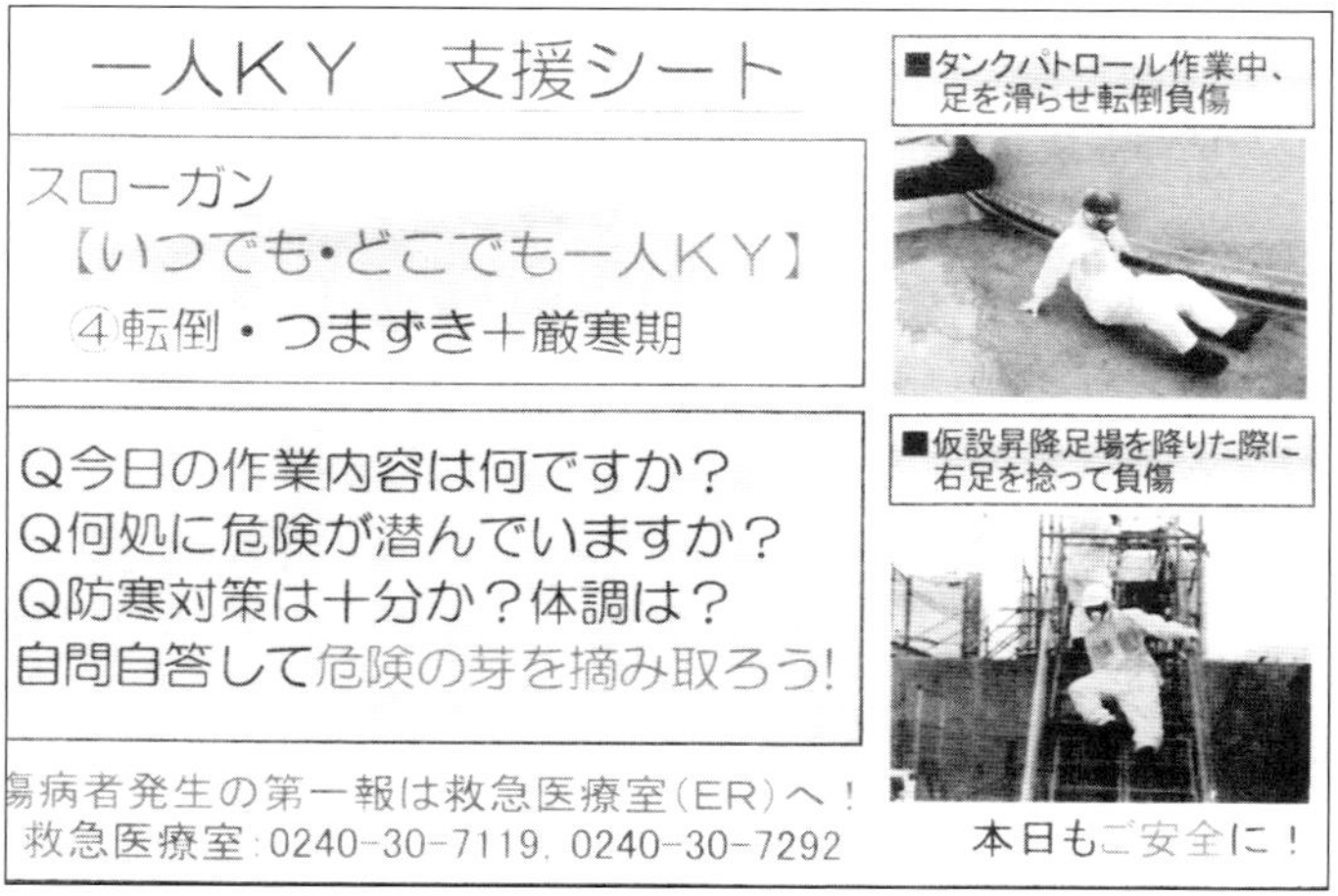
一人ＫＹ　支援シート
スローガン
【いつでも・どこでも一人ＫＹ】
④転倒・つまずき＋厳寒期
Q今日の作業内容は何ですか？

Q何処に危険が潜んでいますか？

Q防寒対策は十分か？体調は？

自問自答して危険の芽を摘み取ろう！

傷病者発生の第一報は救急医療室（ER）へ！

救急医療室：0240-30-7119, 0240-30-7292
■タンクパトロール作業中、足を滑らせ転倒負傷
■仮設昇降足場を降りた際に右足を捻って負傷
本日もご安全に！

一人ＫＹ　支援シート

に登場、最終的な注意事項などの指摘を受け、出発となる。最後に、チーム全員で指差唱和。「足元注意ヨシ、ゼロ災で行こう」「今日もご安全に」と人差し指を上下させ締める。

一斉に全面マスクを着用し、汚染防止のため手首と首の部分にガムテープを巻き付け、最後に係員からAPDとガラスバッヂ着用の目視による点検を受け、退室時間を記入、安全靴を履き外に出る。

ワゴン車とトラックに分乗して発車。メインストリートを出てすぐ、白いシートに覆われた一号機、青空に雲が描かれた二号機、ひしゃげた鉄骨が痛々しい三号機、クレーンに取り囲まれた四号機の姿が見えた。テレビではよく見る映像だが、今私の目の前に現れた生の原子炉建屋を見ると胸が高鳴る。いよいよ戦闘モード、気分は前線に向かう兵士のようだ。

サマータイム

私たちの最初の現場は一号機の裏手、西側にある「事務本館棟」だった。震災前は第一原発と第二原発にかかわる事務処理を一手に引き受けていた中枢部署、社員たちの給料や福利厚生関係の仕事も行っていたらしい。

建物の玄関横に建てた鉄骨の囲いの中で、事務棟から出たゴミの分別作業を行うのだ。見上げれば二階建ての事務棟の窓ガラスはほとんどなく、天井の壁も壊れて半分ぶら下がっている所もある。3・11の地震の痕が生々しく残っているのだ。遠くに目をやれば、右手には白いカバーの一号機、左手には無傷の五、六号機が見える。

　白い防護服と全面マスクの完全装備で作業開始。総勢二〇人くらいでいろんなゴミが混じっている大きなビニール袋を開け、紙、段ボール、ゴム、プラスチック、金属などを種類別に分け、それぞれ二〇リットルのビニール袋に入れ、「インシュロック」というビニール製の結束バンドで封じるのだ。キャスター付きの背の低い丸椅子に座り作業する。大型の扇風機があり風は少し来るものの、息苦しさと暑さで早くもダウン寸前。お盆は過ぎたとはいえまだ八月下旬、日中は軽く三〇度は超す。ミーティングで繰り返された「熱中症」を半分受け流していた自分が甘かった。去年の夏もこの構内で十数人が倒れたというのも頷ける。汗ダラダラ、防護服の中で吹き出すのがわかる。慣れないせいもあるだろうが、全面マスクで額が締め付けられ痛くなる。覚悟はしていたが、想像を絶する世界だった。だが、しばらくして「はい、終わりましょう」という声が。まだ始めたばかりなのにと思ったが、「ラッキー」と心の中で快哉を叫ぶ。他の仲間もそのようで、さっさと帰り支度を始めた。何だか仕事した気がしないという感じでもある。

　イチエフでは六月下旬から九月下旬にかけて、構内作業員の熱中症予防のため日中の作業時間を原則一時間に制限する「サマータイム」を実施しているのだ。屋外作業時間を短縮するとともに、水分、塩分の補給、クールベスト着用（出発前に保冷剤四個をベストの前後ポケットに入れる）を義務付けている。それでも毎夏、気分が悪くなったり、フラフラしたりで熱中症にかかる作業員は後を絶たない。全面マスクに防護服というスタイルでは水も飲めないし、通気性もなく、気分が悪くなるのも当然だろう。

毎朝のミーティングでは、それこそ耳にタコができるくらい、熱中症に気をつけるように言われる。その目安としてＷＢＧＴという暑さ指針を毎日始業前に現場でチェックするよう、指導するのだ。温度、湿度、輻射熱の三つの要素を元に、注意、警戒、厳重警戒、危険の四段階に色分けされた表を基に、注意喚起する。職長は現場に行ったら、まず備え付けの温度・湿度計をチェックし、ＷＢＧＴ表にその日の値を記入するのだ。気温が三〇度を超え、湿度も高い時などは、職長も時計を気にしながら、きっちり一時間で現場作業をストップさせるのである。

こうしてスタートした炎天下での初作業、当初はさすがに息苦しくなったものだが、そのうち慣れてきて一時間ポッキリだと割り切るようになると、あまり苦にならなくなってきた。こんなサマータイムを歓迎する人もけっこういるのも納得した。炎天下でも八時間みっちりの除染作業とは大違いだ。「毎日二リットル以上のペットボトルの水を呑み干す」と言っていた同僚がいたが、地獄のようだと言われる夏の除染現場と比べ、イチエフは天国のようなものか。

あっけない仕事

こうして一時間で作業を終え、またワゴン車に乗って詰所に戻る。行きと違い、みんなホッとしたのか笑顔がこぼれる。到着すると、入口でまず靴を脱ぎ棚に入れた後、ゴム手袋、綿手袋、カバーオールを脱ぎ、最後に全面マスクをはずし、備え付けのGM管で頭から足先まで、汚染されていないか線量をチェックする。最後に入域時間、会社名、氏名を記入して、休憩所に入るのだ。休む間もなく、汗でグッショリとなった下着を脱ぎ、靴下と一緒に所定のビニール袋に入れ、作業着に着替え、移動用の青いカバーオールを着る。この時、首に下げていたAPDの値を見るのが日課となった。初日は〇・〇三ミリシーベルト、意外に高いと思った。何せ除染とは単位が違う。あの時は、六とか八とか言っていたがそれは千分の一の単位のマイクロシーベルト、つまり今日の値を換算すると、三〇マイクロシーベルトということになるのだ。実働一時間でこの被ばく線量、やはりイチエフだと改めて実感した。

それから水を呑んだり、トイレに行ったり、軽食をとったりの休憩タイム。クーラーもきいているのでホッとする。チームのみんなが戻り一息したら、中根さんが「みんな体調は大丈夫?」と健康チェック、元請けの担当に作業終了を告げ、最後に「お疲れ様」と言って終わり。出る時は、移動用の青カバーオールを着用し、また記録紙に退域時間、氏名を記入し、靴を履いてサージカルマスクをして徒歩で入退域所に向かう。

着いたら、まず靴を脱ぎ、着脱所でカバーオール、手袋、サージカルマスクを脱ぎ、全面マスクも返して、最後の難所、測定機に向かう。作業着姿となった退域者は計測機のゲートに入り手をかざし、足を揃えて全身の汚染チェックをするのだ。ここで警報音が鳴ったらアウト、ゲートが閉じられ「身柄確保」となる。係員がすっ飛んできてGM管で汚染箇所をくまなく調べるのだ。一番多いのが足先、次いで股間、臀部だという。足は汚染した靴下を履き替えれば済むが、股間や臀部はやっかいだ。汗や雨でカバーオールが濡れ、汚染物質がパンツの中まで沁み込むケースがある。そうなったら、パンツも脱がされ汚染箇所を拭うのだ。汚染したパンツは没収され、新品の備え置きパンツ（東電パンツと呼ばれる）が支給される。次に係員から今日の作業場所、作業内容、装備状態などの事情聴取を受け、やっと解放となる。時間もかかるし、みんなの目があり恥ずかしい。だからこのゲートに入るときは一番緊張するのだ。

汚染チェックが済んだら、二階に上がり、APDを返却する。所定の計測器に差し込むと、今日の線量、立入時間が記録されたレシートが出てくる。これを取り、棚にAPDを返す。たまにさっき詰所で見た線量と違って出る場合がある。ここに来るまでに浴びた線量がカウントされ数値が上がるためだ。

最後は入所時に着替えたロッカーに行き、靴を履いて、線量レシートをチームリーダーに渡して一階に降り、ゲートで作業証をかざして正式に退域完了となる。そしてバス待合所に駆け込むのだ。帰りのバスも混んでいることが多く、一台、二台待ちということもある。現場に出て仕事を始めたのが九時四〇分ころ、正味一時間で切り上げ詰所に戻ってきたのが一一時前、それから着替えたりして、退域手続きが完了したのが一一時半ころ、バスに乗って再びJヴィレッジに着いたのが一二時半近く。それから朝乗り合わせた車に乗って寮に着いたのは一時半くらいだった。何かあっけなく、仕事したという感じではなかったが、それでも寮を出てから約八時間が経過している。イチエフの仕事というのは、装備や手続きでずいぶん手間取るものだと実感した次第である。

それぞれの3・11

最初は手こずった入退域手続きだったが、一週間もすれば体で覚えるようになる。九人のK社チームの仲間とも雑談するようになり、顔と名前が一致するようになった。出身は秋田、宮城（二人）、大阪、東京（私）、あとの四人は地元福島だった。除染の時は、本当に全国から集まってきた感じだったが、ここは地元の人がけっこういる。その大半は原発関係で働いた人だった。話をすれば、3・11の時のことをみんな昨日のことのように語るのだ。

津波で義理の父親が亡くなったと静かに語る同僚。いったん家族と一緒に高台まで逃げたものの、愛用の帽子を忘れたことに気づき、家に戻って津波にのまれた義父。あの時強引に引き止めれば、と義母は今でも悔やむという。

四号機のタービン建屋で配管の仕事をしていた時、地震に遭遇した人もいる。グラッときて建物内は真っ暗になり、とにかく逃げろとみんな入退域所に駆け足で向かった。車で広野町の自宅に向かったが、渋滞でなかなか辿りつけない。四時間くらいかけてやっと家に着きそれからみんなで避難した。水素爆発が報じられ不安な日々を過ごしたが、会社から電話で復旧作業への緊急応援を頼まれた。迷いもあったがここは行くしかないと決断して、再びイチエフ構内に向かう。もう中はメチャメチャ、ガレキが散乱し、建屋からはまだ煙が上がっていた。ガソリンが不足しているのでトラックの荷台にみんなで乗って現場に向かった。数週間の突貫工事、「だいぶ線量食らったが、稼がせてもらったよ」と今は笑って話す。元請け会社からの要請を断るわけにはいかないというのもあったろうが、やはりずっとイチエフで仕事をしていた責任感もあったに違いない。彼のように、一時避難した後、頼まれて戻った人はけっこういる。

イチエフではなく第二原発で地震にあったという先輩は「あんな大きな地震があったんだ

から津波が押し寄せてくると思った。とにかくみんな早く逃げろと言って誰もいなくなったのを確認して最後に避難した。間一髪だったけどね」と。しばらく仕事から遠ざかっていたが、請われて原発の仕事に戻ることにしたという。「東電のためなんかじゃない。地元のためにやっているんだ」ときっぱり言った。地元の若者には「金だけで福島に来ている出稼ぎと一緒の気持ちでやってちゃだめだ」と。「俺たちは地元としての気概を持たなければ」と新しく入ってきた若者に言っているという。

行き帰りの車窓に広がる海岸線を眺めながら、「ここには何体もの遺体が流れ着いてきた」と同僚。「震災の一年後、海岸近くの駐車場で一夜を過ごすことがあったけど、夜中じゅう、寒いよー、寒いよーと女性の声がして一睡もできなかった」と怖い話をする。今年の夏から海水浴が解禁されたが、「地元の人間はあまり海に入らないね」と。

相棒は元警察官

寮では、あまりの暑さに簡易扇風機を買ってしのいだが、急に秋風が吹くようになった。やはり東北の秋は早い。そんなころ相棒が入居してきた。元警察官というので少し警戒していたのだが、Bさんの印象はニコニコしたオジサンという感じ。出身は秋田県、五九歳と聞いて「何で定年を一年残して」とすぐ思ったが、訊くのはためらわれた。何があったのか、という疑問はほどなく氷解する。当日はBさんの歓迎も兼ねて近くの居酒屋に行き、二人で飲んだ。楽しい酒だった。

入居翌日、天野さんから「Bさんよろしくね」と言われたので、「はい、昨日歓迎会で一杯やりました」と答えたら、天野さんは語気を荒げ「酒はやつには飲ますな。今度飲ませたらあんたも処罰するからな」と命令口調で言われ、ビックリ。「処罰」とは穏やかでない。Bさんは酒で何かあったのかと直感。結局、その「歓迎会」がBさんとの最初で最後の飲み会となってしまったのだが。

翌日から何気なくBさんの酒量をチェックするようになる。ウイスキーが好きらしく四リットル入りのボトルを買っていたが、それが一週間も持たない。まるでビールのようにグイグイ飲むのだ。

てっきり同じ会社の所属だと思っていたBさんだが、聞いてみるとTという建設会社の所属で上の会社も我々とは違うV社だという。どうやら私の所属するK社がT社にBさんを紹介したようだ。よく言えば人材派遣会社、ようは人夫出し、手配師のような仕事をわがK社はしていたのだと知る。

仕事場所はイチエフ構内ではなく近くの敷地で、作業内容も配管器材などの整理をする仕事で、「よく分からない仕事」だとこぼしていた。そんなBさんに新たな勤務地の打診があった。場所は何と青森県六ヶ所村、そう日本原燃の核燃料再処理工場での仕事だった。聞けば、試運転する機械の点検補助要員として行ってもらう、と。ここ福島に来て一週間くらいしか経っていないのに、早くも転勤話が出たのだ。寮完備というが近くにはコンビニもない所らしい。「言われたら断れないな」とBさんはあきらめ顔。ところが翌日出勤したら、「あの話はなかったということで」と、言われたと。ホッとしたようなBさんだったが、人に決断させておいて理由も告げず、「なかったことに」では面白くないのは当然だったろう。

そんな事もあり酒量は増える一方のBさん。ある日、私にまた天野さんから「Bとは絶対に一緒に酒飲むな、命取りになるぞ」と忠告された。聞けば勤め先の現場で同僚から「酒臭い」という苦情がT社を通じてK社に入ったという。何か毎晩同室で一緒に酒盛りをやっているように誤解されているのかとも思ったが、「はい、わかってます」と殊勝に返事した。

それが理由かはっきりしないが、Bさんに交替制のイチエフ構内での仕事が命じられた。今度の現場は汚水タンクの見回り作業、一日二交替制で朝八時からの日勤と夜一〇時からの夜勤があり、二週間でシフトが変わるという。日勤の時は別にしても、夜勤に入ったら出勤前の夕方から翌朝まで禁酒を余儀なくされ、勤務明けの昼に飲んで睡眠して出かけるという生活パターンになった。見れば酒量は以前の半分以下に減っていた。

初給料の日、Bさんは明細表を見せてくれた。驚いたことに、給料から控除されているのは雇用保険だけで、年金、健保はおろか所得税までも引かれていないのだ。こういう私も社会保険は控除されていなかったのだが、所得税はちゃんと引かれていた。もう勤め出して一か月経つのに、本人も「どこの会社に所属しているのか」と首をかしげる始末だ。「もし事故で死んでも、うちの会社にはそんな人いないって言われるかも」と脅すと、一瞬Bさんは顔を曇らせたが、「まあ、いいや」と苦笑した。

東電社員の事務机から

最初はとまどいながらしていた事務本館前の作業も一週間、二週間経つとだんだん余裕がでてくる。回収したゴミの中には実にさまざまなものがあり、三年半前のあの日に戻される。出てきた新聞の日付は、三月一一日、朝日新聞の朝刊だった。おそらく当日の仕事が終わってから自分の机で読む予定だったのか、読んだ形跡がなかった。地震で散乱したであろう事務机の中からは社員の写真もたくさん出てきた。同僚たちとの飲み会、家族と行ったディズニーランド、みんな満面の笑みを浮かべて写っている。かわいらしいぬいぐるみなどもあり、女性職員もたくさんいたことがわかる。ここで事務作業をしていた東電の人たちは、今どうしているんだろうとふと思ってしまった。あの日が来る前は、みんなこのイチエフの片隅で日常生活を送っていたのだ。

給料明細表も出てきた。前年（二〇一〇年）の年末のボーナスの額を見て驚いた。役職者かもしれないが、支給額二六七万円とあった。郵便局時代の私の冬ボーナスの最高支給金額の三倍以上、やはり東電は一流企業だったのだと思い知らされる。

そんな明細書の中に見慣れぬ「政治連盟」という領収証があった。「東京電力労働組合政治連盟」というのが正式名称で、どうやら東電労組の選挙資金団体のよう。月に二六〇〇円徴集されていた。高いのか、安いのかわからないが、この金がきっと原発推進の推薦議員に回るのだろうと思った。国会議員だけでなく、県議会議員や地元の町議会議員のポスターや後援会だよりなどもぞろぞろ出てきた。地元のまつりやボランティア活動のチラシもあり、労働組合として地域活動にも積極的だったとうかがい知ることができた。こうして地元住民に原発を理解してもらうのが労働組合の活動なのかと、山積みされた選挙関係のチラシを整理しながら考えてしまった。

社内報も出てきた。巻頭の所長挨拶には、今は亡き吉田昌郎第一原発所長のことばが載っていた。やさしい笑顔の写真を見るとグッと来るものがあった。

アスベストの恐怖

作業の手を休め建物上部に目をやると、一部崩壊してぶら下がっている天井壁から風にあおられ、時折白いチリのようなものが舞っている。同僚が「あれはアスベストに違いない」と言うと、それを聞きつけた天野さんが「いや、ロックウールだ。アスベストのことは言うな。言うと面倒なことになるから」と強い調子で言い返した。確かに見回せば、崩れた天井裏や壁のあちこちにアスベストのような白い板状のものがむき出しになっている。人造鉱物繊維の「ロックウール」だと天野さんは言っていたが、調べてみると古いロックウールにはアスベスト含有のものも多かったというではないか。法規制が敷かれるずっと前に建設されたここ第一原発で、アスベストがふんだんに使用されていたのは間違いないことだろう。建物だけでなく敷地内に縦横に走る各種配管にも断熱材としてアスベストが使われているのも確実と思われる。それらが3・11の地震とその後の水素爆発により周囲に飛び散ったと考えると恐ろしくなる。

肺にくるというアスベスト、作業中は全面マスクをしているので直接は吸い込まないかもしれないが、入退域所と詰所の往復では普通のマスクをして歩くので防塵効果は望めない。アスベストの繊維は極細で周辺住民にも被害が及ぶ可能性も否定できないだろう。事実、三号機のガレキ撤去のため、それまで覆っていたカバーをはずしたら、遠く二〇キロも離れた南相馬市の田んぼにまで放射性物質が飛んでいたという記事があった。イチエフから飛来したものか断定はされなかったが、もしかしたら、三号機のガレキの中のアスベストも風に乗って飛んでいったのかもしれない。

先ほどの会話には続きがある。天野さんは会話の最後に「放射能とアスベスト、どっちが怖い？　放射能に決まってるだろ」と言ったのだ。聞いていた私は心の中で「どっちも怖いな」と反論した。「静かな時限爆弾」と言われるアスベスト、「ただちに健康被害はない」と言われて浴び続ける放射能、どちらも怖いことに変わりはない。

突然の作業打ち切り

事務本館前での分別作業は毎日果てしなく続いた。見れば二階から降ろした未分別のゴミ類は入口付近にまだ山積みとなっている。今年いっぱいはかかるだろうと思っていた矢先、ＴＰＴの責任者から、「今日で事務本館での作業は終わり。明日からは一・二号機のサービス建屋の方に行ってもらいます」と突然言われた。前触れもなくいきなり言われたので、みんなびっくり。「やり残しがまだ山となっている。どうすればいいですか」と尋ねると、「適当に片づければいい」と。

とにかく明日から別の作業に移ってもらうと、元請けのお偉いさんから言われたら従うしかない。とにかく疑問を持ってはいけないのだ。みんな「何で」という顔をしながらも、その日は事務本館の後片付けに精を出した。以前から働いていた先輩は「よくあることだよ」

と笑う。朝令暮改ではないが、上の意向でやり方がコロコロ変わるのは日常茶飯事だと。上がやれと言ったら疑問を持つな、上官に絶対服従の軍隊そのものだと思った。

翌日、さっそく新しい場所に移動した。今度は、まさに本丸、一・二号機建屋だ。建屋といっても、私たちが向かったのはサービス建屋という所で、原子炉建屋の東側つまり海側にその入口がある。よくテレビでは四つの原子炉の姿を西側から見るが、裏に回ると一・二号機のタービン建屋は一緒の建物となっている。同じく三・四号機のタービン建屋もペアとなっており、長い建屋に1、2と数字が書かれているだけ。サービス建屋は一・二号機と三・四号機にそれぞれ一つずつあり、発電の運転管理を主に行っている場所だ。こうしてペアに建てたほうが効率的なのだろう。

私たちに与えられた任務は、このサービス建屋の後片付け、可燃物や危険物の回収、分別作業であった。

＜第3章＞一、二号機建屋

松の廊下、竹の廊下

新しい現場、一・二号機サービス建屋に入った初日。まず建屋全体の構造をみんなに知ってもらおうと、E社所属のチームリーダー佐々木さん（仮名）先導のもと見学して回った。海側の一号機タービン建屋入口から中に入る。岸壁付近はダンプやワゴン車などの車両が行きかい、凍土壁〈鹿島建設〉というシールを防護服に貼り付けた作業員も動いていて、混雑している感じ。遠く見える、海の青さがちょっと不気味でもある。湾内には海水の調査をしているのか、作業船が行き来している。「昔はこの岸壁で釣り糸をたらしていたんだけどな」と先輩が寂しそうにつぶやいた。

3・11直後はこの岸壁付近は、地震と津波によるガレキでまともに歩けない状態だったというが、今はほとんど片づけられ、作業用道路も整備されている。一号機入口へは、仮設階段を使い、中に入る。入口付近は仮設照明があり明るかったが、少し進むとだんだんと薄暗くなっていった。床には何十本ものケーブルが這い、ボーッとしていたら躓きそう。天井にもさまざまな配管が巡らされ、奥の原子炉建屋に向かって伸びている。入口から少し入ったところには、津波でやられたと思われるゲートがあり、防護服やＡＰＤ（線量計）が散乱していた。朝礼などで「ＡＰＤは絶対になくさないように」と繰り返し言われる貴重品が、床に泥をかぶって転がっている姿は凄惨そのものだ。そういえば、事故後の緊急作業で乗り込んだ時、ＡＰＤがなく、みんな装着せずに復旧作業をしたと聞いた。いつもは保管棚で自動充電されているＡＰＤもこうして一瞬のうちに津波で流されてしまったのだ。

このゲートは原子炉関係の作業に行く人の関所、以前の入退域ゲートらしい。壁に目をやると、胸の高さくらいの所に泥の線が走っている。同僚が「ここまで津波が来たんだなあ」としみじみと話す。

狭い廊下を佐々木さんのあとについて進むと、左手に長く暗い廊下が広がる。「ここは有名な松の廊下だ」と指差す。幅は四メートルくらいか、奥行きは暗くてわからないが、五〇メートルくらいありそうな長い「廊下」だ。「あの向こうにある二重の扉の中に入れば、すぐあの世に行ける」と佐々木さんは正面の黒い壁に手を合わせる格好をした。そう、あの先にはメルトダウンした一号機の原子炉があるのだ。「この下には竹の廊下があるけど、今は水びたしで入れない」と下を指差す。そう、トレンチと呼ばれる地下には、今は汚染水だまりが広がっているのだ。

タービン建屋と原子炉建屋を隔てる一階の長い通路が、通称「松の廊下」である。だいぶ前からそう呼ばれているそうで、例の「吉田調書」や国会事故調の文書などにもたびたび登場する場所だ。長くて、怖そうだからそう名付けられたのか、みんな普通に呼ぶ。

ただ、その地下の「竹の廊下」はポピュラーではないらしく、各種文書にも出てこない。見たいといっても、汚染水でいっぱいになっている今となっては、もうこの先誰も見ることはできないかもしれない。

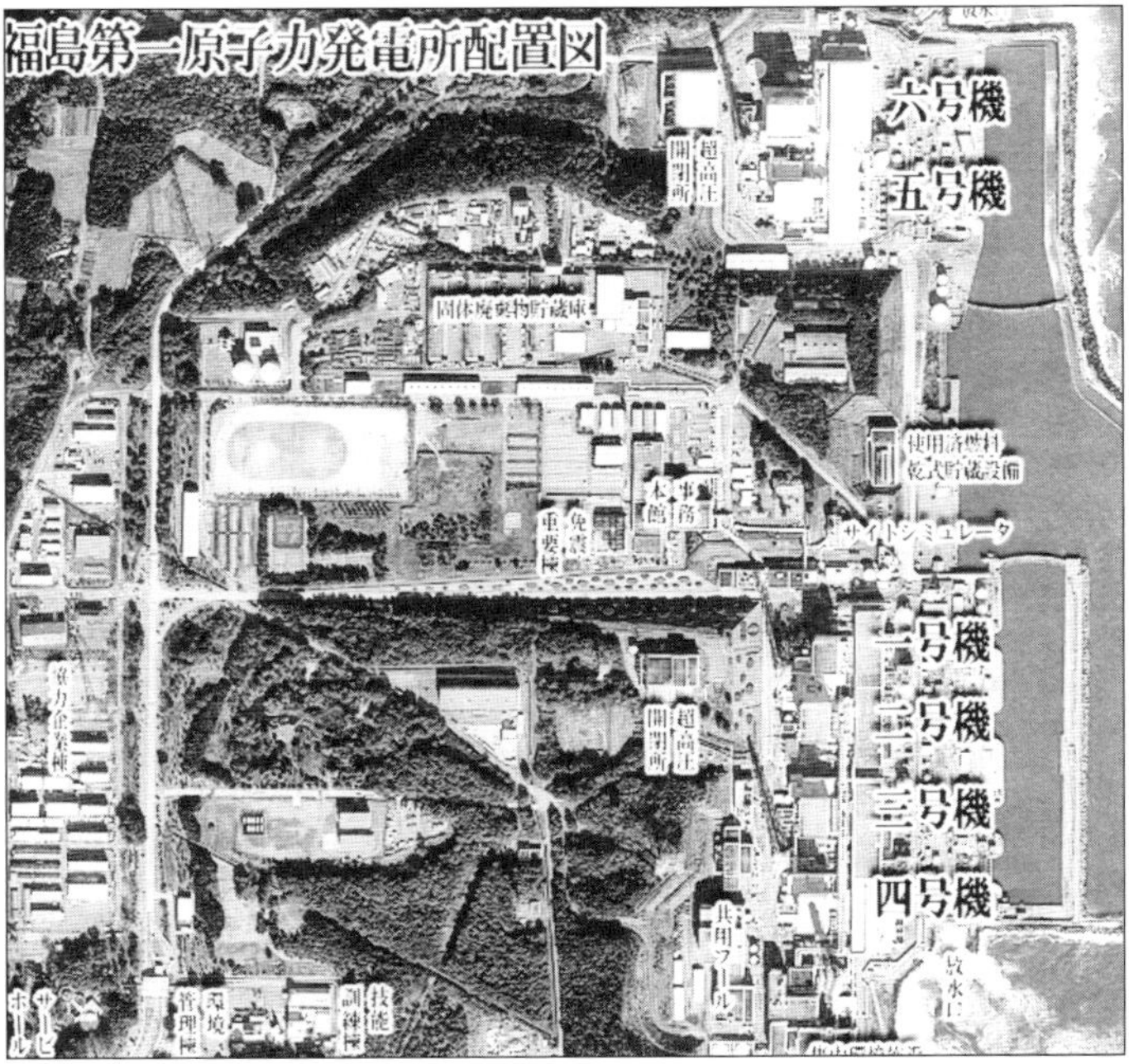

事故前の福島第一原発（左端の「協力企業棟」を休憩所として使用）

巨大タービンは深緑色

次に案内されたのは二階のタービン建屋。階段を上がると目の前に深緑色の巨大なタービンが現れた。見上げるほどの大きさ、高さは三メートル近くあろうか、長い円筒形の鉄の塊の迫力に圧倒された。見れば横腹にGEのロゴが大きく印字されている。そうアメリカのGE（ゼネラル・エレクトロニクス）社製のタービンなのだ。今は日立製作所と一緒になって日立GEニュークリア・エナジーと呼ぶが、原子炉もタービンもすべてGE製なのだ。そういえばタービン建屋付近で働いている作業員の防護服にはみんな〈日立GE〉のシールが貼られていた。事故後の廃炉作業も、それぞれの原子炉メーカーの系列で行っているらしい。

タービンの手前には電気室があり、タービンを回して発生した電気を受け、変圧器に送る仕組みだ。奥には原子炉から発生した蒸気をタービンに送り込むための蒸気室が二つあった。ニュースで言葉は知っていたが、現物を間近にみると実際の発電の仕組みが手に取るようにわかる。三年半前まではここで電気が作られ、遠く離れた東京まで送られていたんだと思うと感慨ひとしおである。それにしてもこのタービン建屋は広くて大きい。天井までの高さは二〇メートル以上あるだろうか、大型の天井走行クレーンもある。

再び一階に降り、今度はサービス建屋に向かう。建屋といっても独立した建物ではなく、タービン建屋の中に入っている。先ほどの入退域ゲートの脇を通り、階段を登ってサービス建屋に入る。中は真っ暗、持参してきた大型懐中電灯で室内を照らしてビックリ、まさに足の踏み場もない散らかりようだった。明日からこの「ゴミ屋敷」を片づけるのだと思うとゾッとした。

初日は一号機全体を見学して仕事終了、それにしてもこんな間近で事故現場を見ることができたのは貴重な体験だと思った。

非常口の向こうは青い海

今度の現場は暗い場所が多いので、ヘルメットに電池式のヘッドライトを装着して入ることになった。詰所でミーティングを終え、ワゴン車に分乗して向かったのだが、今までの事務本館とは方向が違う。「中央通り」というメインストリートに出て、今まで直進していた「ふれあい交差点」を右折し、坂を下るのだ。この坂の途中には、青い空にカモメの絵で「汐見坂」と書かれた看板がある。その名のとおり、坂の向こうには青い海が広がっていた。のんびりとした看板とは対照的に、海の手前には排気塔と原子炉建屋が見え、何とも不気味な風景となっている。

坂を下りきると一号機の脇に到着、巨大なクレーン車の先の海岸近くに駐車する。今は白いカバーに覆われている一号機だが、カバーを外す時にこのクレーンを使用するのだろう。

海岸側の入口から中に入り、奥の集合場所で現場に行く前のミーティングをする。やはりこの場所にも熱中症予防のためのＷＢＧＴの掲示板が設置されており、リーダーはまず当日の温度、湿度を記入するのだ。全員の到着を確認して、サービス建屋三階の現場に向かう。私たちのチームは総勢十五人ほどで、ヘッドライトを着け全面マスクでぞろぞろ歩く姿は炭鉱夫のようだなあと思ってしまった。

当初は、みんな同じ格好でなかなか個人の判別がつかず、防護服の背中に書かれた名前を見て声掛けしたものだったが、この頃になると背格好や歩き方でだいたい誰か分かるようになってきた。冗談も出るようになったが、やはり初めての現場は緊張する。床には太い配管が走っている箇所もあり、油断すると躓いてしまう恐れがある。登る途中の階段脇には観葉植物パキラの「死骸」があった。三年以上も水やりをしなければ枯れてしまう、なんかパキラも犠牲者のように思えた。

前日、様子見した三階の部屋入口で作業の具体的指示を受ける。とにかく散乱している書類や物品を片っ端から拾い集めて可燃物、不燃物、その他ごとにビニール袋に詰めるように指示された。中は真っ暗で、リーダーが室内の奥に行き非常口と書かれた扉を開けると、日が差した。見ると朝日に輝く湾が見えてきた。ゴミで散乱した暗い室内から望むキラキラした海は、まぶしいほど美しかった。

うっとりと海を眺めていると、中根さんが「昔、ここから飛び降りたヤツがいたなあ」と。ポツリ。震災のだいぶ以前のことのようだが、社員か下請けか、この窓から身を投げた、と。何があったのかは知る由もないが。地上から二〇メートルはある最上階のこの窓から飛び降りたら、ひとたまりもないだろう。

「株式会社原子力代行」

そんな感傷に浸ったのも一瞬、みんなで分別作業開始。この部屋はどうやら一号機、二号機の運転管理を二四時間体制でやっていた場所らしく、「宿直室」と書かれた部屋もあった。片づけた形跡がまったくなく、まさに手つかず状態の場所だった。地震直後に使ったと思われるハンドマイクやヘルメットなども散乱している。事務机を整理すると、作業日誌やマニュアルのほか、漫画本やビデオ、少額の現金など私物がゾロゾロ出てきた。当日、みんな着の身着のまま脱出したのだろう。封筒に入った千円札も出てきた。「くすねたいだろうが、ゲートで汚染物の警報が鳴って捕まるよ」と口汚い先輩が笑う。どう処理するのかわからないが、一応現金はまとめてビニール袋に入れておいた。二四時間体制で原子炉の運転管理をするこの部屋は男だけの職場だったのだろう。漫画雑誌にまじってアダルトビデオやグラビアもぞろぞろ出てきた。「持って行けよ」といじられる同僚、笑いが起こる。

ボードの予定表には三月一一日午後三時A社B氏来訪などと書かれていて生々しい。先の事務本館は主に東電社員が勤務していた場所だったが、ここサービス建屋三階はどうやら第一次下請け会社の「アトックス」が受け持っている部屋らしい。全国各地の原発の保守管理を行うアトックス社は福島でも運転開始当初から業務を行っていた、いわば老舗の原子力関連会社だ。前身は「株式会社原子力代行」というくらいである。

社報や名刺などにまじって給与明細表も出てきた。前年暮れのボーナスの支給額を見てビックリした。先の東電社員の額の一〇分の一にも満たない二七万円余だったのだ。役職や勤続で一概に比較はできないだろうが、それにしても違い過ぎる。これが東電と下請けの差であろうかと思ってしまった。現場の保守管理業務を一手に引き受けている労働者とそれを指示する管理者の間には歴然とした壁が存在するのだ。そんな事を思いながら〝宝さがし〟でもするような気分で分別作業に精を出す。

密室状態の部屋での作業、やはり暑いのでリーダーの掛け声を待ち、途中休憩を取る。椅子を並べて腰かけると、体じゅうから一気に汗が噴き出す。「暑いなあ」と誰からともなく出る。頭や鼻あたりも痒いが、全面マスクを外すこともできず、ここはがまんするしかない。事務本館での作業ではアッという間に時間が過ぎた感じがしたが、ここは時間が経つのが遅いような気がする。まだ三〇分あまりしか経ってないのに、みんなもう帰りの時間を気にしているようだ。作業再開、だんだん要領を覚え、スピードも上がる。三〇分ほど作業して本日の仕事は終了、また明日からしばらくこのサービス建屋の仕事がつづくのだ。

女子更衣室・シャワー室

当初は地震当時のままの足の踏み場もないようなサービス建屋の部屋だったが、人海戦術で毎日片づければ一週間も経たずに綺麗になっていった。とにかく床に散らばるゴミや机やロッカーに入っている物品を片っ端から分別して、ビニール袋に押し込む。「部外秘」とハンコが押された設計図や配管図、運行マニュアル、日々の点検表など貴重な資料と思われる書類まで容赦なく処理する。何せ事故後はすべて汚染物質なのだ。

防護服や靴下、手袋なども片づけたが、「何だ、これ」という声で駆け寄ると、人糞のようだ。もう乾燥しているが「これはネズミのではない」と結論づけた。想像するに、地震後何人かが点検のため部屋に入り作業中、便意を催したがトイレは水も電気も不通で使用不可、やむなく使用済の防護服の中で用を足したのではないかと。同僚たちはこの発見以降、使用済の衣類の山を整理する際には「爆弾が出る」と言って、恐る恐る触ったものである。

三階を片づけ、二階の部屋に取り掛かるようになった。その一角に「女子更衣室」「シャワー室」の部屋があった。一階には男子作業員の更衣エリアがあったが、この二階には女子作業員専用の部屋があったのだ。そう、事故前は建屋といえども放射線量は今と比べれば格段に低く、女子も普通に作業していたということを知る。

現在では、イチエフ構内で女子の姿を見ることはなく、まさに女人禁制の場所となっているのである（この数か月後、入退域所の検査係に数人の女子が配置された）。身体もサイズも違うので女子作業員仕様の各種装備品が積まれていた。いったい事故前は何人くらい働いて、どんな作業に携わっていたのだろう。そんな疑問が湧いたが、誰からもイチエフでの女子作業員の話を聞くことはなかった。

ちなみに、除染現場では少なからず女性の作業員の姿を見かけたものだった。年齢は二〇代と思われる若い人から、四〇代、五〇代くらいまで幅広かった。イチエフと違い、女性専用の装備品や更衣室などの諸設備も不要のうえ、健診、ＷＢＣのコスト（女子は受検期間が短い）がかからないので、除染現場により多くの女性作業員を入れているのかもしれない。その多くは宿舎に入らない地元福島県の女性と思われる。おそらく他の業種に比べリスクはあるものの、日給が格段に高い除染現場に流れてきたのだろう。

この二階には、臨時の休憩所が設置されていた。構内にはいくつもの休憩所があるが、トイレや給水の際は必ず、防護服、全面マスクを取り、線量を計測しなければならない。そのための設備と人手が必要となってくるので一～四号機建屋エリアではここ一号機二階に臨時の休憩所が設置されたのである（のちに三号機建屋内にも設置）。日中は常時入ってくる作業員の線量を測る担当者が配置され（サーベイという）、替えの装備品の配備なども行っていた。担当していたのは例のアトックスの人たちだった。

袋リレー

毎日の分別作業で部屋のあちこちに詰めたビニール袋の山が積み上げられていく。三階、二階にたまった処理済の袋を一階に降ろす作業をみんなでやった。すべて手作業、三階の部屋から二階の階段踊り場まで一旦降ろし、さらにそこから一階の集積場までまた降ろすのだ。順番に並んで声を掛けあいながら一個ずつ手渡す。バケツリレーならぬ袋リレーである。重い袋があったり軽いのがあったり、隣の人とタイミングが合わなかったり、一気にやるので体力がいる作業ではあるが、単純で隣との掛け合いもおもしろくて、苦にならない。みんなも嬉々として、「ちょっと重い」「チョイ軽」などと袋の重量を次の人に伝えたりして、笑いながらやる。

集中して汗をかいたら、佐々木さんの掛け声で二階の休憩所で一服だ。入所する時は防護服を脱ぎ、線量を測られて入らなければならないので面倒ではあるが、中に入れば三〇畳ほどのスペースがあり横にもなれるし、冷水器も喫煙室もあるのでくつろげる。水が出ないが、冷暖房、換気の設備はあり、殺風景ではあるが快適な空間と言える。見れば、段ボールを敷いて仮眠をとっている他社の作業員もいる。ただ、トイレはたいへんだ。この臨時休憩所には上下水道が来てないので、一室に簡易トイレを設置、災害用キットで用を足す。やり方は便座にビニール袋をセットし、その中に袋に入った吸水剤を入れてから用を足し、終わったら袋を縛り回収袋に入れる。最後に次の人のために新しいビニール袋を便座にセットし退出するのだ。外には濡れティッシュがあり手を拭くようになっている。

三〇分ほど休んで、再び出陣、新しい防護服、手袋、軍足を装着して休憩所を出発する。汗もひき、気分は爽快だ。残る仕事をサッと片づけ、朝の集合場所で全員の無事を確認して建屋を退出、駐車していた車に乗り込み詰所に帰る。

帰りの車中では、みんな無事に仕事が終わったせいか、顔もほころび口も軽くなる。大した仕事をしたわけではないが、軽い疲労感とともに、労働を終えた充実感を味わうひとときである。「今頃、俺の山にはマツタケが出てるんだけどなあ」と紅葉が始まった遠くの山を眺めながら、地元の中根さんが寂しそうにつぶやいた。

コンテナ詰め

サービス建屋の一階に降ろしたビニール袋は、トラックに積んで以前作業していた事務本館前に行って種類別に降ろす。そして、紙類、プラスチック、金属類というように分けて鉄製の灰色のコンテナに詰め込み、蓋をする。コンテナは六枚の鉄板を三人がかりで正方形の箱に組み立て、個数をカウントしながら荷物を投げ込んでいく。いっぱいになったらマジックペンで種別、袋数、日付を横板に記入、最後にBM管でコンテナの放射線量を測り記入して終了。後日、別のチームがフォークリフトを使い、トラックの荷台に積んで、構内の高台に広がる廃棄物貯蔵場へ運搬、保管するのだ。

この廃棄物のうち、可燃物類は建設中の減容化焼却炉でいずれ処理する手筈だという。本来なら年明けにも施設は完成し、次々と処理する予定だったらしいが、なぜか工期は大幅に遅れてメドがたたないという。「まだできないのかなあ。何で遅れているんだろう」と建設中の巨大な焼却施設を見上げて天野さんは怒っていたものだ。実は私たちのチームはこの焼却炉で燃やすための低濃度可燃物を回収するのが主要な任務だったのである。

高濃度のガレキや伐採木などは密閉の倉庫で保管するが、私たちが処理した書類や使用済の防護服など低濃度の可燃物はコンテナ詰めされ、広大な貯蔵場に野積みされたままだ。汚染水のように直接漏れる心配はないかもしれないが、長期に雨ざらし状態に置かれていれば、コンテナに雨水が入り保管場の土壌に沁み出さないとは限らない。汚染水対策も大変だろうが、どんどん貯まる可燃廃棄物の処理も喫緊の課題であることは間違いない。

ホットラボ作業

サービス建屋の三階、二階の可燃物等の分別、回収作業は順調に進み、メチャメチャだった部屋も大きな机や機器類を残して驚くほど片付いていった。残る仕事は、一階の集合場所に残された未処理の廃棄物を分別する作業となった。

そんな十一月下旬、ＴＰＴの担当者から新たな任務が告げられた。「ホットラボ」という場所での可燃物等の処理業務である。聞き慣れない「ホットラボ」、調べてみると「強力な放射線を安全に扱える実験室」のことだという。何か恐ろしそうな所だ。

新業務開始の朝のミーティングでは、案の定「硫酸」「塩酸」という劇物の名が出て、くれぐれも取扱いに注意するようにと責任者から念を押された。いつもの防護服に加えて、薬品が飛び散っても大丈夫なように、防護エプロンと特殊手袋を着けて薬品類を扱うように言われる。内容物がわからないビンや試薬などは、後で専門家に判断してもらうので別にしておくようにとも言われた。地震でビーカーやフラスコなどガラス製品が破損している所もあるので注意するようにとも。

今度の作業場となるホットラボは、一・二号機に一か所、三・四号機に一か所、もう一つ「集中ラド施設」に一か所あるという。工期は一月二三日まで、あと二か月もない。途中に正月休みも入るし、実質一か月ほどの「突貫工事」である。佐々木さんも急に言われたらしく「一か月ぐらいでは無理だよなあ」とこぼしていたが、とにかく言われたからには「やらねばならぬ」、ここは頑張るしかないと新業務に着手した。

初めて行く場所はとにかく緊張する。「何かゴーストバスターズみたいだな」と隊列を組んで向かう同僚が言っていた。一号機一階のタービン建屋の一画にあるホットラボの部屋は真っ暗で、発電機を引いてライトを設置して中に入る。部屋は厚いコンクリートの壁に覆われ、入口には洗浄装置と書かれたシャワーもあり、厳重な防護の下で放射性物質を取り扱っていたのだと認識する。

床には地震で落ちたと思われるビーカーが散らばり、津波で流れてきたと思われる砂も広がっている。棚のビーカーや試験管などを見ると学校の化学室のように思えるが、見たこともないようなデジタル試験機が並び、やはりここは専門家の実験室だとわかる。

まず、ガラス、プラスチック、紙など種別に袋に詰め、試薬や劇物が入っていると思われるビンは別にする。見れば、硫酸、塩酸、硝酸といったビンのほか、聞いたこともないようなカタカナ名の試薬もあり、恐る恐る手に取り、別にする。

書類の中には従業員たちの線量記録表もあった。見れば毎日ゼロが並ぶ。そう、事故前はこのホットラボ室でも放射線はカウントされないほど微量だったのだ。

水や油類もけっこうあり、それぞれ分けるが、はっきり「真水」と書かれている容器のものは一緒にタンクに入れた。後日、この水はホットラボ室の床の排水口や近くにある手洗い場で流したのである。「上の人がいない時に」と言われて、私もビクビクしながら流した。はたしてこれはどこに流れるのだろうかと思いながら。

地震でフラスコが揺れた

ホットラボ作業を開始して三日目くらいだったか、一〇時過ぎころ突然大きな揺れがきた。床が大きく動き、棚のフラスコやビーカーもカタカタと音をたてる。これは大きな地震だ、と恐怖が襲った。逃げるか、と思った時、佐々木さんから「動くな」と大きな声。足を踏ん張ってその場で立ち尽くした。その後揺れはだんだん収まりホッと胸をなでおろした。一瞬、3・11を想起した。いつかまたあのような巨大地震が襲って来ないとも限らない。ましてここは今でも高い線量下の管理区域、薬品もそうだが、原子炉や汚染水タンクが損傷を受けたら悪夢の再来となる。テレビで見た3・11後の第一原発構内の映像が脳裏をかすめた。

仕事を終え、詰所のテレビを見たら震度4の地震だった。今日は何もなかったが、もし大地震が来たらどうすればいいだろうか。3・11後、「てんでんこ」（東北方言で「各自」「てんでんバラバラに」の意味。地震・津波が来たら、誰にもかまわずに逃げろという言い伝え）ということわざを聞いたが、ここは原子力施設、勝手に逃げるわけにもいかない。でも指示待ちで動かなかったら被害に遭わないとも限らない。そういえば、避難訓練など聞いたこともなく、緊急時どうすればいいのか誰からも地震対策に関する話は出なかった。

今、のんびり休んでいるこの詰所にしたって、再臨界の危険があるかもしれないという原子炉から四百メートルくらいしか離れていない。そう考えると、やはりイチエフにいるリスクを改めて感じてしまうのである。

その日の夕方、家族や友人から安否を気遣う携帯メールが入った。やはりみんな心配してくれているのだ。

一号機カバー外しの変

ホットラボでの作業を始めたころ、一か月ほど前から試験的にはずされていた一号機カバーの蓋が元に戻された。この一か月間、上部二枚のカバーが外されてポッカリ空いた一号機を毎日眺めていたので、元の白いカバーに戻って何かホッとした感じ。東電の発表では試験的に外したが「有意な変動は見られなかった」そうな。でもちょっと待て、そんなはずはない、と思った。

毎日通る一号機入口の付近にある手書きの空間線量表の値は明らかに変化していたのだ。外す前の一〇月下旬、「〇・〇九ミリシーベルト」だった値が、カバーを外した三日後には

「〇・一」に上昇していた。機械によるモニタリング計測とは違い、この掲示板は構内のさまざまな箇所に設置され、何日かごとに手書きでその地点の空間線量を記入、日にちと計測者も書かれているものだ。出入口近くにあるので、自然と毎日見るようになる。普段は同じ値だったのが、ある日を境に急に跳ね上がったのである。原因は上のカバー外しと見るのが自然ではないか。まあ、「〇・〇一ミリシーベルト」の上昇くらいは「有意な変動」ではないと東電は判断したのか定かではないが、腑に落ちない発表ではある。

実は九月時点では、この試験的カバー外し作業は全部の蓋、つまり四枚の上部パネル全部を外すと発表していたが、なぜか半分の二枚だけに変更、一か月後に元に戻してしまったのだ。いくら「有意な変動はなかった」と言っても、当初の予定を変更したのは「変動があった」からと見るのが自然ではないか。

そう言えば、確か前の年同じように三号機のカバーを外した時、構内で働いていた作業員の防護服が汚染されたという話を聞いた。ふだんめったに鳴らない入退域所の測定機でその日は何十人も警報音が鳴ったというのだ。おそらく放射能に汚染されたアスベストや粉塵が防護服に降りかかったのではないだろうか。

このようにデータのすべては東電が握っており、その数字をいかに発表するか、どう判断してどう対処するかもすべて東電次第、となる。

汚染水タンクデータは自主規制

データの中には東電に届かないものもある。同室のBさんから聞いた話だ。タンクパトロールの仕事に就いたBさん、日勤と夜勤を二週間ごとのシフトで続けていた。一日計四回、夜勤・日勤で二回ずつ担当のエリアにある汚染水タンクを徒歩で見回り、線量を計測しながら漏れがないか目視点検する。一回の見回り時間は約一時間で、「楽な仕事だよ」と言っていたが、拘束時間が長い。例えば、夜勤では勤務開始が夜一〇時で夜中に一回見回った後、免震重要棟に引き揚げ、計測データをパソコンに入力、次の朝六時の見回りまで暫時休憩をとる。免震棟の休憩所では難燃シートの上でごろ寝、「寝てるやつもいるけど俺はなかなか眠れない」とBさん。夜勤手当、残業手当がつき、給料はいいが、寮を出て帰るまで一四時間近く拘束されてはかなわない。

ちなみにBさんの給与明細を見せてもらったら、何と十一月の支給額は四六万円だった。私がだいたい二六万円くらいだから、倍近くもらっていることになる。

さて、データの話だが、Bさんが「いいのかなあ」と首をかしげて私に言うのだ。毎日定時パトロールで地上一メートル、タンク壁からの距離三〇センチの定則地点で計測するのだが、その日の天候や風向き、計測器などによって値は変化する。〇・〇二〜三ミリシーベルトくらいの誤差は日常的にあるが、時に倍以上の計測値が出ることがある。例えば定値〇・

〇三の場所で〇・〇七の値が出る。これを帰ってきてパソコンに入力して上司に確認をとったら、「普段の値、〇・〇三にしとけ」と言われたというのだ。「そのくらいは誤差の範囲内だ。正直に書いたら東電さんに迷惑がかかる」と。いくら誤差の範囲内といっても倍以上の線量が出れば、報告を受けた東電も再測定やら報道発表やらで、深夜でも動かなければならない。下請担当者としてはいつもお世話になっている上司に良く思われたいとの一心から、平時の一〇倍もの値が出れば別だが、普段は「異常なし」と「自主規制」してしまうのだろう。そもそもタンクの目視点検じたいもかなり形式的のよう。Bさんの話では、夜中でも懐中電灯でタンクを照らして漏れがないか見るというのだが、大きなタンクの全面を一つずつ点検できるはずもなく、ちょっと照らして見回る程度になる。タンクの中には奥まっていて裏に回れない箇所もあるし、雨や雪が降ればタンク下の堰の中は転倒する恐れがあるからと外側の離れた地点から計測することになる。だから「データは毎日違ってくる」と。

こんな話を聞くと、誰かが言っていた「データは信じるな」という格言は、本当だと実感するのである。

〈第4章〉三、四号機建屋

赤茶けた鉄骨

人海戦術で整理した一・二号機ホットラボの次に向かったのは三・四号機ホットラボだった。白いカバーに覆われた一号機や青空に雲が浮かぶ模様そのままの、一見無傷に近い二号機と違い、三・四号機は無残な姿をさらけ出していた。

詰所を出て、「ふれあい交差点」を右折後、直進するのではなく、すぐ右折して三叉路を左折、二号機と三号機の間の通路を抜けて海岸線に出て駐車する。この通路から見上げると爆発で破壊された三号機の赤茶けた鉄骨が生々しい。巨大な鉄骨がひとたまりもなく折れ曲がっているのだ。三号機脇の線量を見ると一・五ミリシーベルトと記入されていた。今まで作業していた一、二号機脇の線量の一〇倍以上である。前年、ガレキ撤去のため三号機を覆っていたカバーを取り外し、丸裸になって、直接放射能が出ているのだ。

そんな三号機内に「突入」した。入口は海岸から離れた奥まった所にある。すでに外側のガレキ撤去が進んでいるのか、クレーンなどの機材があふれ、一見普通の建設現場のよう。

防護服姿の作業員が忙しそうに動いている。背中を見れば、〈東芝〉の文字が。そう、ここ三号機を製造したのは東芝だったのだ。

大型搬入口を二〇メートルほど行くと、左側に三号機入口がある。隊列を組んで中に入ると意外に明るい。入って右折するとすぐ左側にホットラボの部屋があった。この通路には青と赤に色分けされたラインがあった。少し辿ると右の青色が三号機に行くライン、左の赤色が四号機に行くラインだとわかる。そういえば、確か一・二号機の入口付近にも、緑と黄色でそれぞれの道しるべがあった。建屋内部は複雑に入り組んでいるので、迷わないようにこうして色分けしたラインを床に描いているのだ。

ここでも同じように薬品類や器具、書類、保護具などを回収した。部屋は狭いので細かい分別は後回し、とにかく散らばった室内のゴミを集め、おおざっぱに袋に入れていく。入口の天井にはやはりシャワー装置があり、鉄製の厚い扉で仕切られ、ここが隔離された部屋だとわかる。その重厚な扉もあの津波の圧力で一瞬にして開き、ドッと海水が流入してきたのだろう。

部屋の入口付近にはヘルメット、安全靴が散乱し、足の踏み場もない。おそらく外の保管棚にあった装備品が津波でここまで流されてきたのだろう。とりあえず大きな袋に詰め込んで外に出した。入口付近を行き来するうち、そばに「立ち入り禁止」と書かれ黄色いロープで囲われた階段箇所があるのに気付いた。聞けば、その下はトレンチの水たまりだと。よくニュースで聞いた高濃度の汚染水がたまっているという地下のトレンチが下に広がっているのだ。GM管でその上を測ったところ、何と八ミリシーベルトもあった。そういえば、事故直後に修復工事にあたっていた作業員三人が三号機地下にあるトレンチの水たまりで作業をして高濃度被ばくしたという事件を思い出した。あの事故現場がこの手すりの下に広がる水たまりかと思うと背筋が寒くなった。その付近に寄るのも怖く、ポッカリ空いた暗渠を遠目で眺めるのがやっとだった。

警報音が響く

しばらくして、突然「ピー」と警報音が鳴り響いた。誰かのAPDが鳴ったのだ。APDは入退域所で受け取る時、設定値が「〇・八」「〇・三」「〇・一」と表示されたそれぞれの棚から、各現場に合わせたものを取る。私たちは最高値の「〇・八」に設定されたものを持っていくよう指示されていた。警報音は設定された値の五分の一の積算被ばく値を越えたら鳴るようになっている。だから〇・八の場合は〇・一六ミリシーベルトに達すると鳴る。二回目はその倍の〇・三二で鳴り、さらに三回鳴ると直ちに全員がその場から退避しなければならないのだ。

佐々木さんが、「誰だ、鳴ったのは」とみんなを眺めながら言うと、チームのSさんが申し訳なさそうに手を挙げた。でも作業はそのまま続行、するとまた誰かのAPDが鳴った。自分のも鳴るのではないかとちょっとビクつく。でもこの日は警報二人で終了。鳴った人はどうやら部屋の外で作業していたらしい。あのトレンチ口に近い場所である。私はほとんど部屋の中で作業していたのでそれほど浴びなかったのだろう。

一・二号機ホットラボでもそうだったが、厚いコンクリートの壁で覆われているホットラボの室内は案外線量が低く、外気が入る入口に近いほど線量が高いのである。ただ例外もある。室内で作業していても線量の高い物を長く持つと当然被ばく線量も高くなる。だが、いちいち扱うものの線量を測るわけにはいかないからこれは運みたいなものである。

その翌々日、ついに私のAPDが鳴った。短いが高い音なので周囲の者はみんな気づく。初めてだったので、一瞬他の人かとも思ったが、みんなこちらの方を見るので、やっぱり自分だと。佐々木さんが「今のは誰?」と聞き、私が手を挙げると、「何回目?」と聞くではないか。指で一を示すと、佐々木さんは「何だ一回目か」というような目をして、何事もなかったかのように作業を続けた。

連日、警報音が鳴ると慣れっこになり、感覚がマヒしてくるのだ。最初は心臓が飛び出しそうになるくらいドキッとしたものだったが、二回目ともなれば平気になる自分が恐ろしかった。でも二回目ともなれば少しあせる。線量の少ない場所に配置を代えたりして三回目は避けるように佐々木さんは配慮してくれた。

ちなみに、事務本館では平均〇・〇二〜〇・〇三くらいだった一日の被ばく線量が、一・二号機のサービス建屋とホットラボでは〇・〇四〜〇・〇五に上がり、三・四号機ホットラボでは〇・〇七〜〇・〇八くらいに上がった。みんながどんどん上がる線量を気にしているのを見て、事故後突撃隊として建屋に入った佐々木さんが「俺たちはシーベルトの世界で仕事してたんだぜ」と変な自慢をしていた。除染ではマイクロシーベルト、ここイチエフでは一〇〇〇倍のミリシーベルトと単位が変わったのに驚いたものだったが、まだその上の世界があるとは。

五・六号機

雑然とした部屋に一五人くらいの人間が一斉に入り、ゴミ出しする作業。ただこの部屋は化学実験室、それも放射性物質を扱う特殊な部屋だ。取扱いは十分気を付けるようにと何度も言われたが、散乱する物の中にどんな危険物が混じっているかわからない。何せこっちは素人の作業員である。でも工期が迫っており、慎重にとは言っても急がなければならない。

とりあえず大きな袋にガラス類や可燃物など分別して仮置き場を作り、山積みし、それから事務本館へ運び出す。一・二号機と違い、ここ三・四号機の搬出入口は奥まっており、トラックを入口付近に横付けすることができない。いったん外に運び出し、それからリレー方式でトラックの荷台に積み入れるのだ。このあたりの空間線量は非常に高く、特に三号機の海側では一〇分間もいると警報音が鳴りだすのである。

大急ぎで行う積み出し作業なので見逃しも出る。空瓶はガラス物としてひとつの袋に入れるはずが、溶液が残っているビンも入れてしまったり、別扱いするべき危険物でも表記が小さく逃すこともある。中には、コバルト、ストロンチウム、セシウム、イリジウムといった放射性物質が入っている物もあった。「線源」といってリチウム電池のような試験用のボタン状放射性物質の物も一緒に不燃物として袋に入れてしまうこともあった。

別にした劇物や放射性物質と思われる物は後日、TPTの放射能分析の専門係員が来て判断する。ただの水だったり油だったりすることもあるが、硫酸や塩酸、放射性物質などはステンレスの容器に入れ蓋をして、五・六号機内にある放射能分析室に持っていき、専門家に委ねるのだ。

高台にある五・六号機建屋は、事故は起こさなかったが、すでに廃炉が決定し、現在は研究、実験施設として使われている。TPTの放射能分析室もこの中に入っており、放射能測定や水質検査などを行っているのだ。

この五・六号機は双葉町に建つ。一～四号機が建つ大熊町に対抗して、双葉町が誘致したらしい。一～四号機とは少し離れた場所に建つ五・六号機周辺には工事車両も見当たらず、整然としている。爆発事故も起きてないので建屋は真新しい印象さえ受ける。人の出入りも少ないが、この中で専門家が放射能分析や廃炉に向けた実験研究を行っているのである。入室チェックがあり、各自の作業証を掲示しなければ中に入ることはできない。

分別作業後、仮置き場や室内の片隅に危険物などが見つかることもある。コバルトと書かれたビンが見つかった時は、同僚がビニール袋で何重にも覆ってワゴン車で分析室まで運んだが、わずか一〇分ほどの間に線量が上がり、ＡＰＤが鳴りだしてしまったこともあった。

集中ラド

三・四号機のホットラボの片づけに目途がたつと、「明日から集中ラドに行ってもらう」とまたＴＰＴの担当から指示された。「集中ラド？　ラボの間違いじゃないの」と同僚に聞くと、「ラドって言うらしい」という答えが返ってきたが、実際どんな所なのかよくわからない。調べてみると「集中廃棄物処理建屋」というのが正式名称で、原子炉から出る廃液や廃棄物を処理する施設らしく、四号機の隣にあるいくつかの建物群を総称して言う。

翌朝、いつものように出陣したワゴン車は、ふれあい交差点を右折し三叉路に差し掛かると、一番右の道に進んだ。左方向は一号機行き、真ん中は三号機行き、そして今日初めて行く右方向は四号機と集中ラド方面なのである。鉄板が敷き詰められた四号機裏を通ると正面に土手が広がる。その手前にある四角い建物群が集中ラド施設だ。車は海岸付近に置き、徒歩で向かう。

目当ての建物は白い硬質ビニールで覆われていた。あらかじめ担当者から預かっていた鍵で佐々木さんが南京錠を開け、太いファスナーの扉を開けると中は真っ暗。あわててヘッドライトを点け、みんな手探り状態で奥へ進む。床には太いパイプが蛇のように走っている。「けっこうありますよ」とGM管を持つ同僚が声を上げる。そう、この縦横無尽に走るパイプは隣の原子炉建屋から毎日排出される高濃度の汚染水を運んでいる管だったのだ。前の日、担当者から、今度行く場所はけっこう線量は高いという事を聞かされていたが、汚染水の通り道だったとは。少し行くと私たちの作業場ホットラボの入口に到着。やはりここも手つかず状態、ゴミ類が散乱している。

とりあえず大型ライトを設置して起動させる。次に佐々木さんの指示で床に散らばっていた鉛の板を入口付近のパイプの上にかぶせた。少しでも線量を少なくするためである。幅三〇センチ、長さ六〇センチ、厚さ一センチくらいの曲がる鉛の板だが、重さが一〇キロ近くはあるだろうか、けっこう重い。これを二、三枚ずつ管に沿って並べた。再び計測してみると〇・八ミリシーベルトが〇・六に下がっているではないか。気休めかもしれないが効果はあるものだと思った。

部屋は二つあったが、やはりゴミが散乱していた。まず障害になる大きな鉄類や椅子などを外に出し、仮置き場に投げる。次に、フラスコやビンなどガラス類を分ける。ビンはまた化学処理班用に別にしておく。「適当にきれいにしておけばいい」ように言われたが、散らかっているゴミの量は膨大、とにかく手分けして片づけなくてはならない。棚には大きなビニールケースが並んでいたが、中はどれも茶色い水で濁っていた。水の中にはビーカーや試験管が入っている。この水は津波で押し寄せた海水に違いない。高さは二メートルくらいか、建物に流入した海水はその後引いたが、ケースに入った水はそのまま三年半、居続けたということになる。蓋があったので蒸発もしなかったのだろう。複雑な思いを抱きながら、ケースの海水を床の排水口に捨て、中のガラス類を取り出し、ビニール袋に入れた。

作業を始めて三〇分くらいか、警報音が響いてきた。早い、ここはやばいな、と思った。特に例の汚染水管あたりで作業していた人が続けて鳴った。二時間近く作業して引き揚げたが、その日は何人も鳴った。今まで入った現場の中で一番の高線量地帯だと知る。

今までの一～四号機は、コンクリートで覆われた室内より、外気にあたる室外の方が線量は高かったが、ここ集中ラドは外より中の方が高いのだ。「何かどんどんヒドイ所に回されるみたいだ」と同僚がこぼしたのも頷ける。

さすがに佐々木さんもできるだけ早く切り上げようと、さっさと片付けるよう指示した。人が入る入口とは別の搬出口から詰めたビニール袋を出し、どんどんトラックに詰め込む。鳴る警報も気にしなくなる。しかし佐々木さんともう一人が二回目の警報を食らった時は、さすがに緊張が走った。〇・三二ミリシーベルトは超えた勘定になる。今度鳴ったら総引き揚げだ。

一気に終わらせて事務本館に持って行って切り上げた。そんな突貫工事は約二週間つづき、一二月下旬、一応室内をきれいにして集中ラド作業を終了させた。この間、一日の平均被ばく線量は軽く〇・一ミリシーベルトを超えたのであった。

トップ賞

「今月は池田さん、トップ賞だね」と一二月下旬に佐々木さんから笑いながら言われた。毎日のチーム内作業員の被ばく線量を集計し、元請けのＴＰＴ社に上げるのが彼の担当となっている。毎日、各自が入退域所で受け取る線量レシートの数値と、手書きで毎日記入する数値を照らし合わせるのだ。各自の毎月の積算線量を把握しているから、この一二月、一ミリシーベルトを超えた私にさっきの軽口を叩いたのだった。佐々木さんの冗談を横で聞いていた同僚が「へえ、何か賞品が出るのか」と真顔で私に聞いてきたが、そんなの出るはずもない。

毎日、現場作業を終え詰所で休憩を取る時、決まって出るのがこの日のみんなの線量だ。同じ仕事をしていても屋外作業が長かったり、高線量の汚染物を扱ったりで微妙に線量が異なってくるのである。ＡＰＤを見せ合い線量が少なかったりすると「楽してるなあ」とか冗談を言い合う。みんな口には出さないが、内心では被ばくに対する漠然とした恐怖を抱えながら日々作業しているのである。

でも、ここイチエフでは「被ばく」や「原発」の話題はやはりタブーである。冗談で「俺は老い先短いからいいんだ」とか言う先輩もいるが、みんな「なるようになれ」とあきらめている感じ。印象だが被ばくに関しては、私たち中高年より若者の方が「気にしていない」ようだ。人生経験が長く、少しは放射能の知識を蓄えているからと言えるかもしれないが、意識的に東電側が「安全」を刷り込ませているとも考えられる。入所時教育で教官から示された「放射線被ばくの早見図」という色刷りの図表（放射線医学総合研究所製）は、イチエフ構内でもよく見かけた。早見図は、ＣＴ検査やＸ線健診での被ばく線量、自然放射線の線量などを色分けして表わしながら、原発作業者の線量を並べたもの。一般の線量と比較して、「大したことないなあ」と思わせようという魂胆見え見えのものである。シャトルバスの待合室の壁にはポスター判の大きな「早見図」が貼られ、バスに乗ったら今度は座席前のポケットにＡ４判の早見図が入れられているありさま。露骨な「安全宣伝」と言えないか。こうして知らず知らずのうちに、「安全」を刷り込ませようとしているとしか思えてならない。

Ｂさんの労災

集中ラドの作業が終わり、再び私たちのチームは一、二号機に戻り、中途半端にしていた分別作業を再開した。上からの優先順位に従い、次々と場所が変わったため山積みしたままの袋や未分別の袋がまだまだ残っていたのだ。

そんな頃、寮の相棒Ｂさんが労災事故に遭った。十二月中旬のある夜、仕事を終え寮でテレビを見ていたら、夜勤を終えたＢさんが帰ってきた。入るなり、「ちょっと足を痛めちゃった」と照れ笑いをしながら左足を引き摺って部屋に入ってきた。聞けば、免震棟の階段で足を滑らしたという。「ちょっと痛むけど、捻挫だと思うので今夜休めば何とかなるだろう」とＢさん。

その時は、私も大したことないと思っていた。ところが翌日の夕方、外で買い物をしている時、携帯電話で「足が痛くて歩けない。悪いけど病院に連れてってくれないか」とＳＯＳ。急いで寮に戻り、肩を抱いて車まで連れて行こうとしたが、立ち上がるのがやっと。歩こうとすると「痛い」と悲鳴を上げる始末。どうしようと思った時、Bさんから「救急車呼ぶしかないな」と。携帯電話で119番にかけ、事情を言い、来てもらうことに。そこは元警察官、応対は手慣れたものだった。すぐにサイレンが聞こえ救急隊が到着、二人の隊員が入り肩を抱いて運び出そうとするも、九〇キロ近い体躯のBさんは動けない。結局、担架を持ち出し救急車に入れる。私は隊員に同居人だと告げ、イチエフで足を怪我したと言い、会社名と私の携帯電話を教えると、病院が決まったら後で知らせると言われた。

一時間ほど経ったろうか、寮のドアを叩く音で飛び起きた。今どき誰かと思いドアを開けると、雨の中警察官が二人立っていた。いきなり「いわき警察ですが、Bさんですか」と。「違います。同居人のBは今救急車で運ばれています」と説明すると、救急から「原発で怪我した人を運んでいる」と連絡があり事情を聞きに来たと。どうやら警察は、Bさんはもう治療を終え帰宅したと勘違いしたらしい。やっと飲み込めたらしく、「救急に聞いてみます」と私の携帯電話を聞き帰っていった。しばらくして、その警察官から「磐城共立病院に入院するようです」と連絡が入る。それにしても怪我したのがイチエフというだけで警察が事情聴取に来るのにはびっくりした。

その日、BさんはK社に連絡して入院したことを告げたという。翌日、私のところにK社の上司から電話がかかり昨日の顛末を聞かれた。「何で救急車を呼ぶ前に会社に電話してくれなかったんだ」と叱責された。結局、救急から警察に一報が行き、警察からイチエフの東電に、東電から元請けを通じてK社の社長に深夜問い合わせが行ったと。どんな小さな怪我でもイチエフ構内なら労災として取り扱われるので警察も神経質になるという。

まあ、言われれば会社に一報を入れれば良かったかもしれないが、昨日の状況では「痛い」と言って歩けない本人を，まず病院に連れて行くということしか頭になかった。本人にしてもどう診察されるかわからない、なるたけ大事にしたくないという気持ちもあって会社への連絡が後回しとなったのだろう。

結局、「大たい骨亀裂骨折」と診断され、全治一か月と言われたと後日Bさんから電話連絡があった。数日後、携帯電話の充電器や電気カミソリなど身の回りのものを持って、磐城共立病院に見舞いに行った。聞くと「K社からはさんざん言われた」と。Bさんの所属は、最初はK社扱いだったが、その後元請けE社の傘下のT社でタンクパトロールの仕事をしていて事故にあった。翌日E社の役員が見舞いに来て「労災でやりますから心配しないで治療して、また元気になったら元の仕事に就いてください。待ってます」とやさしい言葉をかけられたという。一方、K社の役員は見舞いに来たのか叱責に来たのか、と言うほど感じが悪かったと。足の方は、手術するらしく最低一か月くらいは入院、それからリハビリになるだろうと言われたそうだ。

寮を移る

さて、私の方はBさんには悪いが、寮の部屋をしばらく独占することとなった。テレビも風呂もトイレも気をつかわず一人で使える。ちょっともったいないような気にもなったが、やはりプライベート空間があるのは良いと、しばらく「独身生活」を満喫した。

しかし、そう甘いものではなかった。光熱費を含めアパート代は会社持ちなので、一か月五万くらいかかる。経費を私一人にかけるのは、いかにも効率が悪い。入院も長引きそうということもあってか、年を越した一月下旬、違う寮に移るよう言われたのである。

会社の寮は職と一体、経費も会社負担なので、使われる者に選択権はない。言われたら従うしかないのである。ただ、中には一人が良いと言って、家賃を自己負担して一人部屋に入る者もいる。

引っ越し日が決まった一月下旬、入れ替わるようにBさんが退院してきた。松葉杖を使っていたが、歩けるようになり、これからリハビリして仕事復帰すると意気込んでいた。元の部屋に戻ったが、来週にはここに新たに三人が来るというではないか。聞けば今までの私の六畳間に二段ベッドを二つ持ってきて四人で居住するらしい。聞いただけで暑苦しくなる。今まで、ふすまで二つの部屋を半分仕切り、テレビは中央に置いて共用していた半プライベート状態が、倍の人数ではもうプライバシーどころではない。はたしてBさんやっていけるのかなあと思いながら、五か月間いた部屋に別れを告げた。行き違いにはなったが、Bさんには「お元気で」と声をかけ手を振った。それがBさんとの永遠の別れとなってしまうとは。

それから約二か月後、Bさんが入院したと聞いた。心配していたことだが、大の酒好きのBさんである。リハビリとはいえ、一日じゅう外で歩く練習をするわけにもいかず、結局することといえば、酒になる。詳しいことは聞かなかったが、同居人が寮に戻って見たら、倒れて意識がなかったという。慌てて救急車を呼び、また元の磐城共立病院に行くことになった。前の事があるので、同僚たちは救急車を呼んだことは口外しないように話し合ったらしい。みんなBさんをかばおうとしたのだ。しかし、前から肝臓をやられていたらしく、Bさんは多臓器不全でICUに入った。

二週間後、悲報が届いた。Bさんの亡骸は福島でだびに付され、奥さんと息子さんが故郷の秋田に持っていったと聞いた。「労災期間中で酒を飲むなんて大馬鹿者だ」とK社の役員は言っていたが、あの事故さえなかったらと思わずにはいられない。

本人もそうだったろうが、家族にとっても、イチエフに来たばっかりにという思いを持ったのではないか。わずか三か月ほどではあったが、イチエフの仕事にやりがいを感じて張り切って出勤していたBさんの笑顔が忘れられない。

正月明け

長い正月休みを終え、仕事を再開した。東京に家族がいる私は帰省してのんびり過ごしたが、同僚の中には正月でも家族に会いに行かない人も少なくない。年老いた母親が岩手にいるというWさん、一二月二七日から一月四日まで九日間の正月休みだったが、帰ろうとはしなかった。寮にいてもすることもないだろうに、とお節介ながら言ったが、「帰ってもしょうがない」と。それ以上聞くわけにもいかず、「良いお年を」と言って別れた。

このように年末年始を会社の寮で過ごす人が何人もいる。「家なし、金なし」とWさんは自嘲して言うが、実際遠い田舎に帰るには往復で数万円の交通費が飛んでいくし、お土産やお年玉やらで出費もかさむ。一回で月の給料の半分も出てしまうことにもなりかねない。だったら金もかからない寮でのんびりと静かに過ごした方がいいとなる。何かさみしいな、とは思うが、これが作業員の現実なのだ。

さて、私たちのチームのホットラボ作業もいよいよ終盤に近づいてきた。当初一月二三日の工期には間に合いそうもないとも思ったものだったが、人数を三人ほど増やしたこともあり、年明け再開後、ゴールが見えるようになった。何よりも、チームの団結力とやる気の成せる業、と言ってはオーバーだが。

工期終盤、後片付けと最後の点検を行う。やはりやり残しは出るもので、各建屋に何回も入り残余可燃物や消火器類の回収にあたった。一号機原子炉建屋のすぐ隣にある二階建ての小さな建物の屋上から消火器やガレキを降ろす作業をしたが、屋上にいた同僚はすぐ警報が鳴ってしまった。見れば、カバーで覆われた一号機原子炉建屋の目と鼻の先、ここでは地上よりも、五メートルくらいになる小屋の屋上の空間線量の方が高く、わずか一分くらいで鳴ってしまう。私たちは遊撃隊で、どこでも飛んでいく便利屋みたいなもの。鉛の防護服に身を包み、凍土壁やサブドレンの仕事を同一場所で専門に行う技術者とは違う、いわば使い捨ての雑用係なのだ。線量をどれだけ浴びるか、行ってみないとわからない突撃隊とも言える。

松の廊下にも入った。タービン建屋の一階の奥にも入ったが、迷路のように通路が入り組んでおり、実際迷子になりかけた者も出たほどだ。雑巾の切れ端や角材、大きな酸素ボンベや消火器なども回収した。

初めて入る場所もあり、線量がどれくらいあるのか最初は不安も抱くが、作業を開始すればもう気にしてなんかいられない。みんなで一気にやるだけである。ただ酸素ボンベは長いうえ重いので、最低でも二人がかりで持ち出さなければならない。足元も悪く、くねくねと入り組んだ通路を運ぶ。重いので一日休憩を取り、また進む。匍匐前進みたいなもの。やっと明るい建屋出口に出るとホッと胸をなでおろす。本当は鉄製のボンベは放射能を蓄えているので、長く接触していると線量を食らうことになるのだが、やるしかないのだ。

〈第5章〉二人の作業員が死んだ

凍り付く朝礼

一月一九日、作業を終え詰所に戻り休憩していたら、昼のニュースで「福島第一原発で事故」というアナウンスが耳に飛び込んだ。休憩中の者は一斉にテレビに見入る。「タンクから作業員が転落した」「病院に運ばれたが意識はある」と伝えていた。あの高いタンクから落ちたら大変、ひとたまりもないと思ったが、「意識がある」というので、その時は「助かって良かった」と安堵し、帰路に着いた。

しかし翌朝八時からのＴＰＴ朝礼で、マイクを握った部長は沈痛な面持ちで「残念な報告をしなければなりません」と話し出した。「今日の未明一時二五分、昨日タンクから落下した作業員の方が病院で命を引き取りました」と報告。一瞬、一〇〇人近くいる室内の空気が凍りついたように感じた。うめきのような、ため息のような声にならない声が、みんなの口から洩れた。

その部長は「詳細は不明」としながらも、「もし安全帯を着けていればこのような事故にはならなかったかもしれない」と言った。詳細不明なのに何か本人の不注意が原因のようなことがもう言えるのか、と私はその部長に無性に腹が立った。それとともに、何があったのかという疑問。仲間が死んだという事実の前に、悲しみとともに言いようのない不安の錘が肚の中に広がっていった。

重い足取りで朝礼場から引き揚げ、いつものように詰所に向かい、その日の作業に着いた。その日は中根さんとともに三人で詰所の企業棟周辺に消火器やガレキなどが残っていないか徒歩で点検する作業だった。ゆっくり一時間半くらいかけて見回り、詰所に戻ると中根さんに2F（第二原発）から何度も電話があったと伝言があり、急いで中根さんが電話すると、声色が変わってきた。電話を終えると「今から2Fに行く。同僚が大きな事故に遭ったみたいだ」と表情をこわばらせ、私たちに伝えた。朝、死亡事故が伝えられたばかりで、まさか大事故がまたあったとは。何か信じられない気持ちだった。

その日の夕方、同僚からの電話で、2Fの事故で病院に運ばれた人が亡くなったことが伝えられた。今日一日で、二人の仲間が1Fと2Fの現場で命を落としたのである。詳細はわからないが、とても他人事とは思えない。これは大変な事故だ、背後には根の深いものがあると直感した。

作業ストップ

翌日から現場作業は完全にストップする。一月二一日は「安全パトロール」、東電の担当社員とともに一・二号機サービス建屋付近を見回り、足元や頭上などの危険個所の点検を行ったが、どうも形式的な感じ。明日はとりあえず「待機」と言われる。

ニュースでは、東電の廣瀬社長は二〇日午後、経済産業省の高木副大臣を訪ね、「昨年から事故があり、いくつかの対策を取ってきたにもかかわらず、こうした事故が立て続けに起きたことは、痛恨の極みだ」と陳謝。「原因の究明と対策を進めるため、あらかじめ工程ありきは許されず、作業員が安心してできるという現場の声がなければ、再開を決めることはできない」と現場ごとに安全を確保し、それまでは期間を決めずに第一原発、第二原発のほとんどの作業を止める考えを示したと伝えていた。しばらく待機がつづくだろう、はたして仕事再開はいつ頃になるだろうかと、少し不安になる。

翌週は現場での作業はストップしたが、詰所まで行き、チームで「事故事例検討会」というのを開いた。一九日の1F死亡事故と二〇日の2F死亡事故、それに東電柏崎刈羽原発で一月一九日に起きた重傷事故の三件について、東電作成の資料をもとにみんなで事故原因と対策を話し合う会議である。以前にも構内での労災事故でこのような「事故事例検討会」を開いたことがあったが、短時間での形式的なものだった。今回は、二日間に三件の重大事故ということもあり、まる二日にわたり時間をかけて行った。

前年三月に起きた、掘削作業中の作業員が土砂の下敷きになって死亡した件では、休工は一日だけだったというが、今回は事態を重く見たのか、事故原因の究明と対策にかなり時間をかけるようだ。東電から出された事故の概要は以下のとおり。

イチエフタンク落下事故

一月一九日、構内の雨水受けタンク設置工事で、タンクの内面防水検査を実施するため、東電社員一名とタンクの元請会社（安藤・ハザマ）の社員二名、計三名で現場に向かった。現場到着後すぐに、元請社員一名と東電社員は、検査のためにタンク側面下部にあるマンホールからタンク内部に入ったが、被災者はタンク天板部より自然光を入れるためにタンク上部へ上がる。天板部にあるハッチの蓋を動かしたところ、ハッチの蓋（重さ約四三キロ）とともにタンク内へ転落（高さ約一〇メートル）した（九時六分頃）。

災害発生後、構内のＥＲ（救急医療室）に到着したのが九時四三分、これまで三七分もかかっている。医師による診察は「左気胸、左４・５・６肋骨骨折、右恥座部骨折、不安定型骨盤骨折、左大腿部転子部骨折」の重傷だった。医師はドクターヘリを要請したが、悪天候によりヘリは離陸を断念、救急車による搬送に変更する（一〇時三一分）。救急車がいわき市立総合磐城共立病院に到着したのが一一時四三分、何と発生から二時間三七分も経過していた。当日の昼のニュースで「意識がある」と報道されたのは、ERに運ばれた時点の事だったのか、あるいは救急車搬送中の事だったのか。

しかし、治療の甲斐なく、翌日未明一時二二分に死亡が確認された。五五歳の被災者は、驚くべきことに「災害防止責任者」という肩書を持っていた。

事故原因

重大事故は、いくつもの原因が複合的に重なって起きるもの。事故事例検討会では、今回のタンク落下事故に関していくつもの原因が指摘された。東電も聞き取り調査をもとに事故原因をいくつもあげた。後から見れば、「何でそんなことを」という初歩的なことが多いのに驚く。

今回のタンク検査は、雨水受けタンク水張り試験後のシール材の状況をタンク内部から目視確認する単純な検査だったため、検査の段取り等は明確に決められていなかった。同じ検査でも、高所作業車を使用する場合はTBK-KY（危険予知の事前確認）を実施しているが、当日の検査対象部はタンク底部のため、TBK-KYは実施せず、三人は当日の打合せもなく検査を開始した。

検査開始時ハッチの蓋は閉まっており、タンク内部が暗い状態だったので、被災者は天板部のハッチの蓋を開けて明かりを取る必要があると判断したと推測され、他の二名に「蓋を開けてくる」と声を掛けて一人でタンク上部に登り、作業を実施した。「初めからタンク内が暗いのはわかっていたはず」という疑問が湧くが、前回検査を行った際には天板部の蓋は開いており、行ってみて初めて暗いのがわかったと思われる。さらにハッチの蓋は重量物のため、開ける際には作業員二名以上で実施していたが、当日は被災者一人で作業を実施、本来なら高所作業で装備するはずの安全帯も使用していなかった。

設備に関する原因もあげられる。タンク天板部にあるハッチの形状は、人とハッチの蓋が落下可能な構造だった。現在設置されている溶接型タンクのハッチの蓋は、ヒンジタイプ（蝶つがい型）に設計変更し、蓋落下防止措置がとられているが、事故タンクは旧型だったのだ。さらに、タンク建設作業中は注意標識を掲示していたが、建設作業の完了に伴い安全帯使用の注意標識も撤去していたのだった。

東電は、「被災者は検査が遅れると考え、ハッチの蓋を開けることを急いだ」と推測する。そして、「経験豊富な当社社員や元請会社社員は、日頃の安全ルールの遵守状況も含め被災者の働きぶりをよく知っており、本来作業を管理すべき立場の被災者が天板に上がる時に、単独作業になるので止めるべきということを、とっさに思いつかなかった」としている。

私たちの現場ではよく「段取り八割」と言って、作業をスムーズに完了させるには、事前の段取りをきちっとやっておけばあらかたうまくいくと言っているのだが、今回は、段取りはおろか、驚くべきことに実施方法さえ明確にしてなかった。そもそも「検査内容が目視点検等であったため、作業とは認識していなかった」というからあきれる。

さらに元請会社（安藤・ハザマ）では、災害防止責任者は専任でなければならないという認識が曖昧で、作業に従事してしまったという。少なくとも私たちの現場では、「災害防止責任者」というのはチームリーダーの上の存在で、作業を監視し安全マニュアルが守られていなければ指導するのが役目、現場作業にはタッチしないというのが決まりと認識していた。

対策は対症療法

事故の再演防止策として東電が示した対策は多岐に及んだ。

まず、「人・管理に関する対策」として、「作業員は、タンク天板での高所作業に従事する場合、フルハーネスタイプの安全帯（身体全体で衝撃を受止め分散させる新型）を使用する」「作業は二人以上で実施し、作業開始前に互いの安全帯使用状況を指差呼称で確認する」。

東電は、「元請会社と協働で、検査の段取り、検査体制を含む手順書を作成し運用する」「災害防止責任者等の職員の役割の再確認を行う」「検査を実施する当社及び元請会社の社員は、検査開始前に、検査の準備状況を確認」する、等あたりまえの対策。

「設備に関する対策」としては、「今後設置するタンクは、ハッチの蓋が落下しない構造の設計とする」「元請会社は、ハッチの蓋が天板に取付けられていないタンクは、ハッチを開ける作業前に、落下防止対策を実施する」「元請会社は、ハッチの蓋に二人で開ける原則を明示するとともに、安全帯使用等の注意標識を取付ける」というもの。

事故後、しばらくして道路に面したタンクの上部には「二度とこの場所から落下事故は出すまい」というスローガンが書かれた注意喚起の横断幕が掲げられた。また高所作業に限らず、構内では「原則」として作業時安全帯着用の指示も出された。私たちの現場でも、重量物、開口部、アンバランス（吊り上げ）、高所、手すり、治具、暗所（照明）等のポイントでの不安全箇所の抽出・是正が一斉に行われた。この一月だけで、抽出された改善箇所は三二三件に及んだ。

しかし、当面の対策としては当然やるべき対症療法ではあるが、事故の背景にはもっと根深いものがあることに東電サイドも気づいていたはずである。

「大切な人の写真を携行」

その点は東電も「安全を目指す努力が不足していたという、マネジメント上の課題があった」と率直に反省している。「過去のトラブルや災害の教訓から現場の危険箇所を抽出することが十分でなく、当所の運転経験情報の活用、水平展開する力が弱い」「教訓があっても同種の不適合や災害の再発防止に傾注し、その教訓を幅広に生かして現場へフィードバックできなかった」「重大な災害で根本原因を解明しても、発電所全体への効果的な水平展開を行うための検討ができておらず、水平展開の管理・監督の仕組み・組織・体制が弱い」ことを認めている。

そして結論的に、「机上での検討業務に時間を要し、幹部も含めた当社監理員が現場に出向する回数が少なく、震災前に比べ十分な工事管理ができていない。経験豊富な当社社員と元請会社社員であっても、被災者が一人作業を行うことを止められなかったのは、当社の作業に対する関与が十分でないと言える」と自己反省している。

さらに精神面というべきか、東電は「その他対策」として、「大切な人の写真を携行するなどして、自分自身の安全に対し、意識を高める」「どのような相手に対しても、不安全行為を指摘し抑止できる能力と習慣を身につける」という対策を強調した。だが、その後も死亡事故は続いたのである。

凄惨な2F事故

2Fの事故で亡くなった四八歳のNさんは、私たちのチームを取り仕切るチームリーダー中根さんと同じ会社の同僚だった。昔からの知り合いだけにショックも大きかったようだ。亡くなって三日後、線香を上げに自宅を訪れ棺の中の顔を覗いたら「丸いはずの頭が、真っ平になっていた」と語っていた。鉄の塊により変形した同僚の変わり果てた姿に声も出なかったという。当初、事故現場の検証を行った警察は、事故、自殺、他殺の面から、居合わせた五人の作業員を別々に事情聴取した。東電はもちろん、労基署も入り丸三日間、朝から夜まで事情聴取はつづいた。現場を思い出し眠れない日々がつづき、「三日間、飯が喉を通らなかった」という。

東電が発表した事故概要は以下のとおり。

午前九時三〇分頃、一・二号機廃棄物処理建屋五階（管理区域）で濃縮器（放射性廃棄物を濃縮処理する機械）の点検作業を行っていた協力企業作業員が、点検台（直方形）に固定してある点検治具（円筒形、ボルト固定）のボルトを緩めたところ、この点検器具が回転し頭部を挟まれる。発生時、当該作業員に意識はなかった（頭部から出血あり）。

男性は、この点検作業に向けて他の作業員五人と共に準備にあたっていた。点検器具は直径九五センチ、高さ四メートル、重さ七〇〇キロの鋼鉄製で、本来であればクレーンを操作したり、フックで吊るすなど最低でも三人がかりで行わなければならない作業だが、事故当時は男性作業員一人で行っていた。

九時三七分に救急車を要請、九時五二分に双葉消防本部よりドクターヘリを要請した旨の連絡。一〇時四八分、ドクターヘリによりいわき市立総合磐城共立病院に向けて搬送、一一時二〇分に病院到着するも一一時五七分、医師により死亡が確認された。

事故原因としては、①点検台は作業者が下に入らないと固定ボルトの取外・取付ができない構造だった、②固定ボルトを取り外すと挟まれる危険個所がありながら注意喚起の表示が無かった、③使用方法が施工要領書に記載されていなかった、④使用方法を全員に周知できていなかった、⑤点検治具がプラント設備ではないという理由で設計管理の対象外となっていた、⑥現場確認をせずに事前検討会を行ったため点検台の危険を抽出できなかった、等をあげている。

東電はそれらの事後対策措置を行うとともに、組織要因対策として、①当社監理員および作業員全員に現場のリスクを抽出するための教育を受講させ、危険予知能力を高める、②当社監理員が協力企業と一緒に現場確認することを含めた事前検討会を実施し、ＴＢＫ-ＫＹに立会い、実施ポイントを決める、③ＴＢＫ-ＫＹが形骸化していることにより、重要なリスクを自ら考えず協力企業の作業員全員で確認する活動が不足していたので、ＴＢＫ-ＫＹ

とした。

の参加者に、必ず違った注意点や危険箇所を一つ以上発言させるような教育を当社が行う、

一週間後の黙とう

二人の死亡事故から一週間目、八時からのＴＰＴの全体朝礼で初めて黙とうを捧げた。いつも終了時には、「今日もご安全に」という指差唱和で締めるのだが、あの日以来、みんなの声が重く響くように感じられるのは私だけではないだろう。

私たちのチームで実施した事例検討会でも、東電がまとめたものとほぼ同じような事故原因と対策が出された。起きてみれば、「何で？」と言いたくなるような信じられない事が重なって事故となったのである。「死亡にまで至る事故は、悪い原因が一つだけでなく、いくつも重なって起きるものだ」と朝礼で部長が言っていたが、確かにそうかもしれないと思う。運が悪かったでは片づけられない、現実に人の命が奪われたのである。「原発事故さえなかったら」と思わずにはいられない二人の死であった。

当日、２Ｆの現場には数週間前に私たちと同じチームで違う作業をしていた顔見知りのＹさんも居合わせた。大きな音がしたので駆けつけたら、「床は血の海だった」と話す。六人のチームで点検作業を行っていたが、亡くなったＮさんは勤続二〇年以上のベテランでチーム

リーダーだった。その朝、現場でのＴＢＫ‐ＫＹを行い、その日の注意事項等をボードに記入していたら、途中でＮさんは一人で現場に向かって行ったのだった。事故後、何度も他の五人は「何で止めなかったのか」と詰問されたというが、「先輩に対して言うことなんてできない」と若い作業員たちは答えたという。

機械の作業手順書もなかったというのもあきれるが、その日Ｎさんは初めてその点検器具に触ったのだというから驚く。推測では、チームの段取りを良くするため、本人はあらかじめボルトを抜こうとして一人で行ったのだろうと。まさか、鉄の塊に挟まれるとは思ってもみなかったろう。

予定外作業と一人作業

一方、東電の柏崎刈羽原発で一月一九日に起きた重傷事故も「信じられない」ような事故だった。同日午後三時ごろ、二号機のタービン建屋で、機器の点検作業をしていた下請け社員の男性（五一歳）が、金網状の足場（幅約八〇センチ）から約三・五メートル下に落ち、足の骨などを折る重傷を負った。前日現場の写真撮影をしたがうまく撮れなかったので、たまたま近くに来たからもう一回撮ろうと思い、足場の先に行こうとしたところ、普段は閉まっているはずの開口部が開いており転落したという単純なもの。幸い高さがあまりなく骨折で済んだが、あわやの大事故であることにかわりはない。

わずか二日間で、東電管内の三原発であいついで起きた重大事故には、共通していることがいくつもある。

ひとつは、どれも現場では固く禁じられている「予定外作業」と「一人作業」を行っていたことである。タンクの上に行き天蓋を開ける、朝礼中に現場に行きボルトを抜く、近くに来たので撮影に出向く、三件とも共通しているのが「予定外」「一人」の作業なのである。私たちの朝のミーティングでは、耳にタコができるくらいこの「予定外作業」「一人作業」は絶対しないようにと言われる。予定外では何が起こるかわからないし、一人ではフォローする者もいない。当たり前のことではあるが、実際の現場となるとその通りにはいかないことも多い。

予定を立てても実際にやってみると計画通りにいかないこともあり、また人的要因や天候の変動によって予期しえないことも起こるのだ。例えば、突風が吹いて書類が飛ばされ急いで一人で駆けて取りにいく、というような場面はよくあるし、前日決めた作業がその日に変わり、現場を見て指示するなんてこともままあるのが現実。

しかし、やはり「予定外」「一人」はできるだけやらないのが原則だ。その禁を犯してしまったのが、ともにベテラン社員だったというところに問題の深い根っこが存在する。三件とも事後に聞いてみれば「一人で行くなとは言えなかった」と、信頼しているベテランに口出しすることはできない状況だったという。

軍隊のような旧態依然のままの上下関係が色濃く残る工事現場ということもあるだろうが、横の連帯意識が薄いこともあげられるだろう。タンク事故では下に東電社員がいたが、災害防止責任者の肩書を持ち信頼する元請けの安藤・ハザマのベテラン社員が登ることに東電社員は口を出すことはできなかった。２Ｆの挟まれ事故では六人のチームは二つの元請け会社の混成チームで責任体制が不明確だったうえに、違う会社で年上の被災者に「何で行くんですか」などと言えるはずもなかったと若い作業員は言っていたという。

構造的要因

一言でいえば「風通しの悪い現場」ということになる。それは単に、東電の下につらなる一次、二次、三次の下請け会社のいわゆる多重下請け体制からくるピラミッド構造だけでなく、ゼネコン、原子力企業、プラントメーカー、保守検査会社等の横の業種別の縄張り意識も絡まった閉鎖的な現場構造に起因する。上にも横にも物が言えない雰囲気、そうした原発職場特有の要因が背景にあるのではないか。

東電は対策として、安全帯使用の徹底や転落防止措置の実施、基本動作の徹底、あるいは

「大切な人の写真の携行」などをあげているが、どうも事後対処的、精神的な傾向が目につく。

確かに事故後、「偽装請負は建設業法に違反するので禁止」とミーティングで周知され、私たちのチームも、同じ現場に違う社員は作業させないよう、混成チームを作らないよう指示され、何人かの異動が行われた。またRKY（振り返りKY）といって、始業だけでなく終業時にもKY（危険予知）ミーティングを実施するよう指示された。その日あった危険作業や改善事項などをそれぞれ出させて、対策を練り用紙に記入して提出、明日の作業に活かすのだ。最初は三〇分以上かけてそれぞれ要点を出させ対策をまとめて書いていたが、しょせん毎日同じような作業の繰り返しなのでネタも尽き、やがて形式的になって担当が一人でまとめて記入するようになった。

安全パトロールも、下請け会社も含めて定期的に行うようになり、安全推進協議会も長時間行って対策を練っているようだが、私たち現場にはその内容はほとんど伝わってこない。組織体制が変わらなければ、共有化もされないのだ。

病院到着は事故から二時間三七分後

今回の事故で思うことに、もう少し早く病院に行けなかったかということがある。タンク事故の時系列を見ると、災害発生が九時六分頃で緊急医療室ERに到着したのが九時四三分で、その時は本人の意識はあったという。医師の診察を受けてドクターヘリを要請したのが一〇時八分だが、「悪天候でヘリが飛行できない」ということで、急きょ救急車による搬送に切り替えた。結局、イチエフから六〇キロあまり離れたいわき市の共立病院に到着したのは事故発生から二時間半以上経った一一時四三分だった。ドクターヘリが飛べないというアクシデントがあったとはいえ、当初は意識があったというから、もう少し早く治療を受けられなかったか、悔いが残る。

イチエフ構内の緊急医療体制は働く者にとって心もとない。入退域管理棟に救急医療室（ER）を開設し、救急時の応急処置に必要な医療資機材を配備、救急科専門医師、救急救命士、看護師等から構成されるチームによる二四時間医療体制を確保しているというが、今回の事故を見ても実際にERに運ばれたのは発生から三七分後、それから病院に搬送されるまで二時間を要したのである。東電社有の救急車を配備し公設の救急車へ引き渡す体制を確保しているというが、今回の場合救急車が来るまで事故発生から一時間二五分経過している。ドクターヘリは、イチエフの北約三キロの海岸駐車場を降機地にしているが、霧や強風など天候に左右されることが多い。敷地内に降機地がある2Fとは大違いだ。確かに高線量のイチエフ敷地内に降機地を作るのは困難かもしれないが、もっと近くに設営できないものか。

さらに問題なのは、病院まで救急車でも一時間余もかかることである。原発事故により最寄りの救急対応病院が閉鎖されているとはいえ、六〇キロ以上離れた病院まで救急搬送しなければならないとは。

事故後、緊急時訓練をやったが、詰所にいた五〇人を前に、被災者に見立てた者と通報者の通報訓練というものだった。最初は現場での避難訓練かと思っていたが、室内で通報のシミュレーションをみんなで見学するという簡単なものだった。被災場所、時刻、被災状況等を通報者がERに電話し、自力歩行できるか、車で搬送するかなど伝えるのだ。

しかし、私たちの現場では事故にあっても伝える手段、携帯電話がそもそもないのだ。たまに見回りにくるTPTの担当者は携帯電話を携行しているが、下請けの私たちには持たされていない。だから、もし怪我人でも出たら、走って近くの免震棟か詰所に伝令に行き、連絡してもらうしかない。ERがある入退域所は離れているからだ。怪我の状態にもよるが、通報して車で搬送するか、社有救急車に来てもらうか、ERの判断を仰ぐのだ。詰所や入退域所の壁には、緊急通報体制のシミュレーション図が貼られているが、「まず各現場に携帯電話を持たせるのが先だ」と同僚は首をかしげる。

つづく待機

二件の死亡事故以来、待機がつづいた。会社の方からは「待機」というのは「休み」ではない、上からの連絡が入ればすぐ出勤できるように「遠出などしないように」と釘をさされた。「待機」の指示はだいたい前日の夕方に携帯電話にかかってくる。木曜日など「今週は出勤なし」と決まれば、私も他の人も故郷に帰ったりする。もし明日出てこいと言われたら夜でも朝でも駆けつければいい、寮で何もしないでボケっとしているより家でのんびりする方がいい、と。初めの頃は、「事故事例検討会」などを詰所内で行ったが、やることもなくなると、ずっと待機となった。長引くと、みんなの間から「給料は出るのか」という不安の声があがってくる。会社の役員からは待機中の給料について「給料は、全く出ないということはない。七割くらいは出るかもしれない。すべて上の判断なので下の会社はわからない」と言われる。「せめて半額くらいは出してもらわないと」「いや八割くらい」「俺たちのせいじゃないんだから全額だろ」と喧々諤々の予想話。

そのうち、東電は休業補償する、という話が出てきた。元請けの方からも月はまたぐが全額は出すと。それでもみんなは半信半疑、「上から全額出ても、下の俺たちにはきっと抜かれてくるよ」と。

「金を使ってしょうがない」とこぼす同僚たち。休みだとすることがないので、ついつい近くに「貯金しに行く」のだ。「貯金」といっても、実はパチンコ屋でなけなしの金を消費することと。たまに儲けることもあるが、トータルでは負けることが多いのは常識。でも時間があるので、一か八かの勝負に行くのだ。「あそこに行くと落ち着くんだなあ」ともう完全に中毒になっている同僚も少なくない。「何のために働いているか、わかるか」とパチンコのために働いていると居直る仲間もいる。「昨日はどうだった」と、朝のバス待合所はさしずめ昨日の戦果の報告会と化す。

事故から二週間が経過し、報道ではようやく作業再開へと言われていたが、私たちの現場はまだ待機が続いた。「2Fの事故のペナルティかもしれないな」と被災者が所属していた私たちのS社が詰め腹を切らされているのではという憶測も飛ぶ。やっと私たちの現場作業が再開したのは事故から三週間あまり経った二月一二日だった。

＜第６章＞浜通り

湯本寮

この待機期間中に私は新しい寮へ引っ越すことになった。布団と衣類くらいしか荷物がないので、「明日、引っ越しです」と言われてもすぐ移動ができた。それにしても、会社の命令で「明日、移動しろ」とは、人権も何もあったものではない。まあ、「ただで住まわせてやっているから文句は言うな」という感覚か。

今度の住居は、いわき市の南、スパリゾートハワイアンズで有名な湯本の街はずれの高台。築二〇年くらいかと思われる一軒家を会社が借り上げたもの。平屋で部屋は四つ、そこに私を入れて七人が住む。今までの古いアパートとは違い、住環境は少し良くなった。トイレは和式から洋式に（温水シャワーはなし）、風呂はプラスチックふろ釜からシャワー給湯式のステンレス風呂へとワンランクアップした。ただ、今までは二人共用だったものが、今度は洗濯機もガス台も電子レンジも含め七人で使うので、気を使う。冷蔵庫も二台しかないので、仕切って共用する。長風呂はできないし、トイレや洗濯機など順番待ちすることもある。

一番困ったのが、すぐ電気ブレーカーが落ちること。二〇アンペアの容量なので、電子レンジやドライヤーなど複数の器具を使用するとすぐブレーカーが落ちて真っ暗になるのだ。何せ四つの部屋で使うので、毎日のように落ちる。そのたびに、誰かが使用中の機器を消してブレーカーを元に戻すのだ。同僚に聞くと、会社に言ったが、古い家屋なので容量を上げるのは難しいと言われたとか。福利厚生のコストはできるだけ少なくするということだろう。

今までの部屋は襖があり、敷居があったのだが、この湯本寮では八畳間に私ともう一人、岩手出身の新人Wさんが同居することとなった。同年輩でタバコを吸わないということで一緒の部屋になったのか、部屋割り理由は定かではない。

一週間ほどして、会社から部屋を替わってほしいと言われた。隣部屋に入った、現場が違うSという人から「うるさい」と苦情が入ったというのだ。本人からではなく、上司を通じて「いびきやコップをテーブルに置く音がうるさい」と。直接言ってこないのも変だし、隣部屋のいびきの音くらいで文句を言われてはたまらない、とは思ったが、上司の指示には逆らえない。同居人Wさんともども、しぶしぶ応じ、向かいの部屋の二人とチェンジした。「同じ寮に住んでいるんだから、みんな我慢している。協調性のない奴は他に行かせればいい」とWさんが怒るのは当然だと思った。何せ同じ屋根の下に大の男七人が暮らすのである。いろんな不都合はあるのは当たり前、みんな気を使って生活するしかないのだ。つくづく、除染時代の個室生活は良かったなあと思った。

消火器解体

再開後に任された仕事は消火器の解体作業だった。3・11後、構内に放置されたままの消火器やボンベを回収し、解体する仕事だ。中には津波で塩を吹いているものや錆びついているものもある。いつ何かの衝撃で爆発するかもしれず、慎重に扱った。大きなアセチレンボンベなどは、上のつまみを回してシューという音とともに中の気体を外に出すだけ、中身は無害で危険ではないので、怖くはない。ただ、容器の鉄が3・11後ずっと放射能を蓄積しているので、要注意。高いものはあらかじめキムタオルなどで拭き、除染する場合もあった。

面倒なのは大きな消火器。背丈は一メートル近くあり、胴回りは五〇センチもあろうか、重いので荷車が付いている。中身は気体ではなく粉末の消火剤、これを出して処理しなければならない。粉が飛散するので、作業場所は入退域所の近くにある消防車庫という所で行った。3・11前は消防設備や器材を置いていた所らしい。

作業手順は、まず蓋をあけ、二人がかりで横に倒して、出てきたピンクの粉末消火剤を別の一人がビニール袋に入れる。固まっていて出にくい消火器もあるので、木の棒で中をかきまぜながら掻き出す。二〇リットルのビニール袋を二つくらい使うだろうか、中身を掻き出した後は横に付いている噴射ボンベのガスを抜き、ゴム管を切断する。つまり、鉄、粉、ゴムというように解体分別するのである。中に入っているピンクの消火剤はアルミニウムの粉末で無害だというが、大型扇風機を設置して充満しないように屋外に飛ばす。

三、四人チームで声をかけながら作業すれば、一台三〇分くらいで終了するが、最初の蓋開けで躓くと手こずる。海水を浴びて蓋のねじ部分が腐食していたりすると開かないのだ。数人がかりでいろんな工具を使ってもダメで、電動カッターを借りて数時間がかりでようやく開けることができた時は、思わずみんなで拍手。

それに比べて小型消火器は楽ちんそのもの。本来の手順に従えば、大型と同じように、最初に蓋を開けて中の消火剤を掻き出すのだが、上の人がいないのを見計らって、ノズルを直接ビニール袋の口に当て噴射する。そう、消火訓練の要領だ。これが結構気持ちいい。安全ピンをはずし、一気に袋に向かって吹き出す快感がたまらない。マニュアル通りいちいち蓋をはずして中身を掻き出し、最後にガスを抜くということをやっていたら二倍も三倍も時間がかかってしまうので、危険もない噴射方式で一気に片づけた。

四年目の３・11

３・11から四年目の朝、イチエフでは小雪が舞っていた。あの日も今日のように寒い日だったという。八時の全体朝礼で黙とう。司会者は、亡くなった方々への慰霊と福島の復興、復旧への祈りを込めてと言っていた。昨年の3・11は、除染作業の拠点として使用していた結婚式場が浪江町の慰霊式典場となったため、除染作業が臨時休工となり、寮で休んでいたことを思い出した。

今年は休まず仕事だ。作業前、休憩所で待機していると、やはり四年前のことを何人かが喋っていた。「タービン建屋にいて、大きな揺れとともにいろんな物が落ち、突然真っ暗になった。とにかく避難ということでみんな正門に向かった。津波はその後のことなので見ていない」「あの時はパチンコしてたよ」「俺は一杯やってたなあ」とか、みんなあの日のことは今も鮮明に覚えている。この先、何度このイチエフで3・11を迎えるのか、廃炉までの遠い道のりを考えてしまう。

現場に出ると雪はやみ、いつもと同じように仕事をした。昨年の3・11当日は地震発生時刻の午後二時四六分に現場の各所で一分間の黙とうをしたというが、今年、私たちのチームはその前に仕事を終えていた。

作業を終えJヴィレッジに戻ると、正面入口奥にたくさんのテレビカメラがあった。ライトの先に目をやると、テレビでよく見る安藤優子キャスターと俳優の西田敏行さんの姿があるではないか。どうやら3・11特番の生中継らしい。安藤キャスターは建物内に掲出してある作業員にあてた激励幕や折鶴などを指差しながら、このＪヴィレッジを拠点に作業員は廃炉作業に励んでいると説明していた。その周りには東電社員がピケを張るようにガードする。何か東電お膳立ての、報道アンダーコントロールを目の当たりにした感じだ。確か、今夜六時からこのＪヴィレッジで東電の廣瀬社長が話をするという掲示があったのを思い出した。たまに打ち合わせやトイレなどで使用するこの二階、三階も今日は使用禁止、おそらくテレビ中継で使うためだろう。改めて、特別な日だと認識する。そういえば、宮城県から来た同僚も墓参りのため、これから車で向かうと言っていた。

寮に戻ってテレビをつけると、先ほどのＪヴィレッジからの生中継番組がまだ続いていた。三階に特別のセットを作って地元食材を使ったフレンチなどをゲストにふるまうなど、何か福島の復興が着実に進んでいることをアピールしたいような内容に見えた。毎日、イチエフで終わりが見えない廃炉作業をしている私から見ると、何か白々しい感じしか受けなかった。

東電社員

イチエフでは毎日約七千人が働いているというが、東電社員の姿は現場ではほとんど見かけない。一番目にするのがＪヴィレッジのバス待ち所だ。朝、駐車場からセンターホールに向かう時、入口手前に東電社員専用のバス停があり、そこに青い制服姿の社員が並んでいる。

私たち作業員とすれ違うと、みんな「おはようございます」と会釈する。Jヴィレッジには東電社員の寮があり、朝食堂に向かう女子社員とも廊下ですれ違うが、みんな決まって挨拶する。上から言われているのか、見ず知らずの作業員に向かって頭を下げるのだ。何か、卑屈になっているような印象で、ちょっとかわいそうな気がした。

ここからほとんどの社員が向かう先はイチエフ入口近くに建つ「福島第一廃炉推進カンパニー」、東電が二〇一四年四月に設置した社内分社組織だ。第一原発事故後の廃炉・汚染水対策を担当するという組織で、最高責任者は東電出身だが、執行役員六人の出身は、東電関係三人と東芝、日立GE、三菱重工という布陣となっている。一度、インフルエンザの予防接種（無料）でこの建物の中に入った。入口には「福島第一廃炉推進カンパニー」の手書きの板の看板が下がり、中には食堂もあり、設備は整っている感じだ。ここでは毎日、一二〇〇人が働いているというが、実際はそれほどいないのではと思った。多くの社員は、入退域所外に建つこの事務所で、普段はデスクワークをしているのだろう。

たまに見かけるのが、入退域所の入口や階段付近で、「交通安全」や「労働安全」の掛け声をかける社員の一団か、議員や報道関係者などの賓客のお伴をする姿くらいである。

だが、一度だけ現場に来たことがあった。例の死亡事故後の安全点検の時である。実際私たちが働いていた事務本館棟やサービス建屋の現場に来て危険個所の点検を一緒に行った。

その中に全面マスクをつけた女子社員がいたのにはびっくりした。はじめは分からなかったが、小柄で髪が長いようなのでもしやと思っていたら、ＴＰＴの担当者から「東電ＧＭの人です」と紹介され、「ごくろうさまです。よろしくお願いします」と喋った声は間違いなく女性のものだった。ＧＭというから課長か部長か、かなり上の人なのだろう、いつも偉そうにしているＴＰＴの担当もへいこらしていた。現場では、元請け会社が幅をきかせているが、その上の東電の社員は現場作業員からすれば雲の上の人、神様のような存在だ。事故前からこの階級制度のようなピラミッドは不変なのだろう。でも所詮は「裸の王様」、現場経験も長く、各種免許を持つベテランの猛者には頭が上がらないこともあるという。

エネルギーに翻弄された地

湯本とイチエフを往復する毎日は、乗り継ぎを含め片道二時間近くのドライブ通勤となる。前回の除染作業では交代で運転していたが、今回運転者は固定だった。会社から「運転手当」が一日八〇〇円運転者に支給されるからだ。もし、行き帰りで事故でも起こせば大変なことになるので、運転に慣れた者に固定で責任を持って任せるというシステム。手当も出ず、事故の不安を抱えながら交代で運転していた前回の除染より個人的には気楽である。

行き帰り、たまに居眠りをすることもあるが、車窓の景色をぼんやり眺めることも多い。

寮のある湯本の町中には温泉旅館が立ち並ぶ。歴史が深く、かつて「日本三古泉」の一つにあげられていたという湯本温泉だが、現在はその面影は感じられない。かつて栄えたであろう駅前商店街もシャッターが目立つ。

仕事を終え寮に帰ってから、シャワーで汗を流すこともあるが、たまに町に出て温泉につかることもある。お金を払っても、のんびり体を休めたい、何せ二三〇円で公営温泉に入ることができるのだ。ただ、手ごろな料金なのでお客さんも多い。地元の人も多いが、観光客や私たち作業員もけっこう利用するので、浴槽はいっぱいで、洗い場は順番待ちとなることもある。そこで、ちょっとリッチではあるが、旅館の日帰り温泉に入ることがある。料金は三倍近くにはなるが、空いているし、設備も良い。露天風呂がある旅館もあり眺めもいいので、至福の時を味わえる。

そんな旅館の入口には湯本温泉の沿革が掲げられている。開湯は奈良時代と古く、江戸時代には参勤交代の宿場町として栄えたが、明治時代に入って石炭採掘がはじまると、坑内から温泉が多く出水して地底の泉脈が破壊された。一九一九年、温泉の地表への湧出は止まってしまい、大正時代に入り石炭採掘が進むと、湯本から温泉が消えてしまった。その後炭鉱側との協議により温泉が復活することができたのは一九四二年である。しかし石炭産業は斜陽化し湯本の町は再び危機を迎える。石炭産業から観光産業への脱却を図った炭鉱会社が一九六六年に炭田跡に現在の「スパリゾートハワイアンズ」を建設、従業員のダンサー、バンドメンバーに、炭鉱従業員とその家族を採用するなど、失業した炭鉱従業員・家族に雇用の場を与えた。オイルショックの当時は館内の気温を調整する石油価格高騰により、充分な室温を保てず、「常磐アラスカセンター」などと揶揄された事もあったが、その後見事に復活、この炭鉱から観光へのストーリーは映画『フラガール』で描かれ、現在いわき市のキャッチフレーズは「フラガールの生まれた街」となっている。

仕事の行き帰り、車窓には日本一の出炭量を誇った頃の常磐炭田の名残りを見ることができる。寮のすぐ近くの崖下にはホッパーと呼ばれた石炭積み出し施設の跡があり、道路沿いにはかつて何千人もの炭鉱夫と家族が共同生活を営んでいた炭鉱住宅が何か所も残っている。ベニヤ板で封鎖された長屋の中には、今も何人かが暮らしているのが確認できる。

「石炭から石油へ」と言われたエネルギー革命により、一九六〇年代後半から常磐炭田も廃坑の嵐が吹き荒れていった。その後のオイルショックを経て出てきたのが「石油から原子力へ」だった。そして彼の地、福島県いわき市を含む浜通り地方は、「新たなエネルギー」原子力推進に舵を切ったのである。そこに3・11が襲う。まさに、エネルギーに翻弄された地と言えないか。

避難者と作業員

私たちの暮らすいわき市内にはいくつもの仮設住宅がある。休みの日に、いくつかの仮設住宅を訪ねたことがあった。元住んでいた避難地域ごとに入居しているようで、「大熊町」「楢葉町」というようにそれぞれの仮設住宅の標識の下に表示がしてある。

夕方に訪れたが、人気がないのに驚いた。外から見ると明かりがついているので、人の気配はあるのだが、みんな外に出てこない。何か、ひっそりと暮らしている感じがした。そう、避難して数年が経ち、週刊誌やテレビなどで最近「避難者は金と時間を持て余して、パチンコや酒を飲んでばかりいる」ような話を耳にすることが多くなり、気になっていたのである。高級外車を乗り回しているとか、高額貴金属を買いあさっているとか、何か「ためにする」話のように聞こえたので、この目で見ておきたかったのだ。

実際、行ってみると、広い駐車場に高級外車の姿などはなく、居住者が外出しているようには見受けられなかった。たった二、三か所の仮設住宅を回っただけで判断することはできないのは当然だが、私の印象では、周りを気にして「息をひそめて暮らしている」という感じだった。そう、これは私たち作業員と一緒ではないか、と思った。作業員として福島で暮らし、よそ者という目で見られる私たち。寮の行き帰りやスーパーやコンビニなどで受ける視線は、口で言われるのではないが、良くは見られていないなあと常日頃思うのである。

確かに、地元紙では「作業員」の悪事がしばしば報道される。除染も含めれば二万人を超える作業員が福島の限られた地域に居住しているのだから、確率的に少しは犯罪を起こす人間もいるだろうとは思うが、「作業員」という肩書が先に出ると、全部の作業員が悪い人間のように見られてしまいそうだ。作業員に対する視線には、そういう「犯罪者」という目だけでなく、ヤクザ関係者という見方、さらに放射能で汚染されているのではないかという偏見も混じっているのではと思ってしまう。

だから、私たちも外出をできるだけ控え、ひっそりと暮らすのである。住んではいるが、ここに住民票はない、だが帰る故郷がないという作業員も少なくない現実、これは何か故郷を追われた避難者と似ていないか。

原発とヤクザ

私がイチエフにいると言うと、友人たちに「ヤクザが多いでしょう」とよく聞かれる。どうもそういう固定観念が世間一般では広まっているのかなと、少し悲しくなる。実際は、それほどいないというのが私の素直な感想である。

以前勤めていた除染現場と比較すると、ここイチエフで「関係者」と思われる者はその半分もいるだろうか。見た目だけで判断してはいけないと思うが、入れ墨や眉剃り、金髪ピアスなど、いかにもと思われる者はイチエフにもそこそこいるが、全体的には少ないという印象を受けた。除染の時はプレハブ宿舎に大型浴場があり、よく全身入れ墨の中年作業員を見かけたが、イチエフでは着替えをするロッカー場でしか他人の肌は見えない。観察すると、さすがに全身入れ墨は見ないが、部分的にしている者も少なからずいる。独断的な印象だが、若い者は暴走族上がり、中年者は抜け組という感じで、若者は地元福島、中年者は他県からと思われる。ヤクザといってもバリバリの現役のはずもなく、過去に組に入ったり、今も少なからず関係があるかなあという感じだ。身元調査をほとんどしない除染現場では、準構成員と思われる者もいた。本業は組長の用心棒やテキヤ稼業で、小遣い稼ぎで除染に入るという者も実際にいたくらいだ。

しかし、ここイチエフでは、一次、二次、三次下請け会社のチェックがかかるので、そう簡単にはいかない。そうは言っても、入れ墨調査などするはずもなく、昔関わっていたというだけで断ることもできないので、コネなどを通じて地元の関係者が入ってくることもあるようだ。会社が行う身元調査は本人確認の証明書として運転免許証等の提示だが、免許証には顔写真がついているので、これをコピーすれば万全となる。しかし、免許証がないとなると、代わりは健康保険証ぐらいとなる。顔写真はついていないので、もし他人の保険証を提示しても、年齢がよほど違わない限り見破ることは困難である。一度顔つきの作業者証ＩＤ

を手にすれば、もうあとはフリーパスで他人になりすまし、現場に入ることができるのだ。

この「ゆるさ」を警察は一番警戒しているようだ。もし、指名手配犯が入ってもわからないのだ。それを恐れてか、イチエフでは地元の双葉警察署と福島県警の合同チームが定期的に「面割《めんわり》」に来ていた。Jヴィレッジとイチエフとのシャトルバスにも乗り込んできた。「双葉警察」「福島県警」と背中に書かれたブルゾンを着て、何食わぬ顔をしてみんなと一緒にバス待ちする。たまたま私の隣の席に座ったので「今日は何かの視察ですか」と聞いてみたら、「ええ、まあ」と口を濁していた。何か人に言えないような目的で来ているのかと思ったが、寮に帰ると地元テレビのニュースが取り上げ、「今日、県警と双葉警察署は合同で第一原発を訪れ、反社会勢力排除の要請を行った」というような報道をしていた。何も要請だけなら十数人も引き連れて来ることもなく、担当者が所長に会いにくるだけで済む話と思ったが、本当の目的はやはり違うところにあったのだなあと感じた。入所者の名簿を見ること、そして実際に作業場に入り「面割」することが本当の目的では、と思ったのである。

福島原発とヤクザ組織とのつながりは長くて深い。辿れば常磐炭鉱の時代から脈々と続く歴史が浮かび上がってくる。明治時代後半から日本一の出炭量を誇った常磐炭田では多くの炭鉱夫が必要とされ、全国から労働力を集めることを生業とする人夫出し組織としてヤクザが成長していった。ところが石炭から石油の時代に入り、次々と炭鉱が閉鎖された六〇年代後半に入ると、今度は原発への人夫出しに活路を見いだす。かつて築き上げてきた全国ネットワークを駆使して、七〇年代に入ると福島原発の建設現場が新たなシノギになっていく。

浜通りには、主に東日本に勢力を持ち港湾の荷揚げ関係の実績がある広域暴力団住吉会が小名浜港を足がかりに進出、地元暴力団を傘下に収め、やがて原発建設にも関わっていく。

ちなみに、福島県では郡山など中通りが稲川会系に、会津地方は山口組と仲良く住み分けが行われた、という（福島市は山口組が抑え、三つの組のバランスを上手く調整している）。

そこへ3・11、当然ヤクザ組織も大打撃を受ける。原発もそうだが飲食業など人相手の商売、震災と原発事故で肝心の人がいなくなっては商売も上がったり、東電に営業損害の賠償請求もできるはずもない。組員や構成員を路頭に迷わせるわけにはいかないので、新たなシノギとして除染と廃炉作業に力を入れることになる。今度の仕事は今後半世紀は続く安定的な稼ぎになるから、組の繁栄も保証されたようなものと。

危険、汚い、キツイの3K職場の典型とも言える原発現場、さらにそこに放射能被ばくというリスクが加われば、なかなか労働者は集まらない。電力会社やゼネコンは正規ルートではない労働力供給をヤクザ組織に頼り、組はピンハネで稼ぐという持ちつ持たれつの関係ができる。しかし、たびたび問題を起こす暴力団に対する市民の目は厳しく、警察も反社会勢力の根絶を掲げ動き出す。中央の警察庁からの指示もあり、地元警察も本腰を入れてヤクザ対策にあたるようになった。

地元の人から聞いた話。ある日、警察署幹部からの要請を受け東電イチエフの所長ら幹部は地元住吉会の親分衆を集め、「今後イチエフから出て行ってもらいたい」と要請した。それを聞いた親方衆は、「今までさんざんお願いされ、東電さんのためと思って無理難題にも応えてきたのに、出て行けとは恩を仇で返すようなものだ」と激怒し、「一戦を覚悟してもいいのか」と一喝したという。結局、ビビった東電側は引き下がり、この話はウヤムヤになった。中央の方には、親分衆に話を聞いてもらい講演会も実施したと報告したとか。

こんな東電の弱腰に、住民が警察に直談判したところ、警察署幹部は「イチエフから出して彼らを野に放ってしまえば街はどうなりますか」と言い訳した。つまりイチエフの塀の中に飼って置いた方が街の治安は保てるということ。暴対法や暴力団排除条例（福島県の暴力団排除条例は奇しくも震災の年の七月一日に施行）などで暴力団構成員は全国的に減少しているというが、辞めた者や周辺にいる者が「半グレ」と呼ばれるグレーゾーンに存在しているのは事実。イチエフはそのような部分を潜在的に吸収する受け皿になっていることも否定できない。こうして震災後もこれからも、イチエフとヤクザのもたれ合いは続いていくのだろう。

＜第7章＞新年度

新規業務はリサイズ作業

三月に入り、工期の終わりが迫ってきた。死亡事故による約三週間の中断があったが、再開後はピッチを上げ、みんな力を合わせてゴールを目指した。回収し切れなかった一〜四号機のタービン建屋や「松の廊下」周辺を回り、残っていたガレキや消火器・ボンベ・ドラム缶などを見つけては外に運び出し、事務本館前へ運搬する。ドラム缶やボンベの中には、まだ中身が残っている物もあり、慎重に空にしなければならない。酸素ボンベなどは栓をひねれば中身が出てすぐ空になるが、オイルが入っているドラム缶は面倒だ。

最後は集積所となっていた事務本館前の撤収作業だ。臨時に作った作業場の解体作業を一気にする。腰に安全帯を付け、組み立てた足場の上に登り、鉄パイプをはずしていくのだ。地上からの高さは二メートルくらいだが、一応高所作業ということなので、安全帯は必ず付けなければならず、さらに「六〇歳以上は高所禁止」ということらしく、私を含む三人ほどの同僚は下で補助作業を命じられる。一月の事故以来、安全帯装着は厳しく言われており、少しでも高い場所で作業をするときは、みんな当然のように着けて作業する。安全帯にもいろいろ種類があり、他の人が着けたものを使用することも多いので、腹回りのベルトサイズを調整しなければならず、手間取ることもあるが、手抜きはしない。

みんなで一斉に作業場の解体作業を終え、後片づけと清掃作業をして、私たちのチームの任務はすべて終了となった。夏の盛りの七月から着手（私は八月下旬から）した「可燃物、危険物等の回収処分作業」というミッションは無事完了だ。振り返るとアッと言う間の作業のような気もするが、一方いろんな経験をして、とても長い道のりだった気もする八か月間だった。工期が終わって、やりきったという少しの達成感とともに一抹の寂寥感も湧いてくる。それから不安感、次の仕事はあるのか、と。

この年度末の時期になると、休憩所やバス待合室でヒソヒソ話をする光景をよく目にした。「次の仕事はどこ？」という元同僚たちの会話が聞こえてきた。イチエフに限らず、工事現場では年度末で工期終了という所が多いのだ。だからベテランの人たちは、この時期、情報交換に余念がない。聞けば、けっこう会社間での引き抜きもあるそうだ。

工期終了が近づいてきた三月中旬頃、次の仕事内容についての噂が出てきた。あらかじめ工期は三月二〇日までと明示されていたが、「延長もある」とか、あるいは「次の仕事はない」とか、仲間うちではさまざまな憶測話が出ていたが、実際近づいてくると、みんな不安になる。そんな時、正式に次の業務についての話があった。

作業場所は、事務本館の近くにある倉庫群の中の第二倉庫、作業内容は「リサイズ作業」だと。みんな「リサイズ」と言われ、首をかしげる。聞けば「袋詰め替え作業」で、倉庫内に収納してある使用済み保護衣を二〇リットルのビニール袋に詰め替える作業だという。「何のため」というみんなの疑問に答えるように、苦笑しながら担当者が言う。「今構内に建設中の大型焼却炉で燃やす予定で倉庫に入れていたんですが、焼却炉が完成して試してみたら圧縮して固めた保護衣の塊が焼却口に入らないことが判明した」と。だからその塊を手でほぐして、今度は小さい袋に入れ替えるのだと。あきれてものが言えない、とはみんなの感想。「最初から小さい袋に入れれば良かったのに」「何でもっと大きい焼却口にしなかったんだ」と言っても後の祭り、二度手間でも人力でやるしかない。上が判断したのだから、私たち作業員は黙々とやるしかないのだ。

保護衣の山

新年度初日の四月一日、新規業務の事前検討会を行った。TPTの担当者から「業務内容」と書かれたA４の紙が配られ、担当する私たちのチーム各人に配られた。従来のチームが引き継ぐことになったのだが、年度切り替えで辞めた者も数人いて、参加者は一五、六人くらいか。聞けば後補充で、これから数人が入ってくるという。

その指示文書、日付は昨年の十月となっている。遅れているのか、あるいは他社の仕事が回ってきたものか、事情はわからない。業務内容は、「大きなサイズ（対角六〇センチ以上）に収納された使用済保護衣等は、焼却炉での焼却を考慮した大きさ（対角六〇センチ以下）に詰め替え後、内容物毎に金属製コンテナに収納し保管する。年間処理目標を収納コンテナ数で三六〇〇箱程度とする」と記載されていた。

実はこの新焼却、予定では今年の三月末までに稼働することになっていた。この「不具合」があって延びているのかわからないが、この文書によれば、上部はすでに昨年の十月に、焼却口を広くするより、一年以上かかるといわれる私たちの人件費の方が安くつくと判断したことになる。

ひどい話であるが、こんな話がイチエフではゾロゾロ聞かれるから、あまり驚かなくなってくる。例の「アルプス」「サリー」「キュリオン」とかいう放射性物質除去装置も、同じように高額で発注したものの、性能は「話が違う」という結果だったとか。凍土壁にしても、湯水のように金を注ぎ込み、結果は「野となれ山となれ」という印象さえ受ける。

東電が悪いのかメーカーが悪いのかわからないが、とにかく責任体制がはっきりしていないのだ。金はいくらでも使っていいとでも思っているのか、結局そのツケは税金として私たちに回って来るのか。まあ、私たちのチームとしては仕事にあぶれなくて済むということで納得するしかないのだが、何か「タコ配当」のようであまり喜べない。

いよいよ新業務に着手。現場の第二倉庫は、中央通りに出て「ふれあい交差点」を直進し(一・二号機はここを右折)、次の「中央交差点」を右折すると、右側にある。高さ一〇メートル、横幅は七、八メートル、奥行きは三〇メートルもあろうか、細長い建物で入口は電動シャッターで閉められている。

倉庫群は全部で五棟、同じような倉庫が並んでいる。隣の第一倉庫は、津波でシャッターが壊れ、建物も地震により壁や屋根が破壊され、使用不能となったようだ。第二倉庫は、以前、何をしまっていたのか知らないが、震災後は使用済保護衣など低濃度放射性の可燃物の仮貯蔵所として利用している。聞けば隣の第三、第四倉庫にも使用済の下着類や軍足、手袋などが保管されているらしい。

作業初日、倉庫のシャッターを開け中をのぞいたら、みんなビックリ。梱包した保護衣の山が天井までギッシリ積み上げられているのだ。薄暗い倉庫の中で、そびえ立つ白い巨大な山とこれから一年以上も格闘するのかと思うと、一瞬途方に暮れてしまう。しかしそんな躊躇は許されない。ただちにこの山の取り崩し作業に着手することになった。まず山の頂上に登り、段取りを確認することから始める。全員が安全帯を着け、横にある階段を上がり最上部に向かう。頂上はギッシリ並べられた保護衣の白い平原、という感じ。

天井までは二メートルもなく、頭をぶつけないように気にしながら、不安定な足元にも注意して保護衣の束を一列になって手渡しで移動させる。一つの束には数十着の保護衣が圧縮されており、大きさは横七〇センチ、縦四〇センチ、高さ三〇センチほど、重さは一〇キロくらいかと思われるものもあり、結構重労働だ。上から少しずつ崩して下に降ろす。降ろした束はひとまず別の資材置場に持っていく。とにかく倉庫は目いっぱいなので、作業場を確保するためだ。束を移動した跡にできた地面の上で、さっそくリサイズ作業を開始する。

円形の動く小さな椅子に腰かけ、まず大きな束を手でほぐす。それから何着かを取って二〇リットルのビニール袋に詰め替えるのだ。だいたい六〜七着くらい入れたら袋をギュッと圧縮して中の空気を抜く。二〜三回圧して抜けたらインシュロックという結束バンドで口を封じて一丁上がりだ。あとは出来上がった袋を数えてコンテナに詰め込む。だいたい一個のコンテナに六〇〜七〇袋入る。一杯になったら蓋をして日付と個数を記入、後日フォークリフトでトラックに載せて資材置場に運搬して終了となる。

使用済の保護衣なので汚れているものもある。ほとんどがタイベックとよばれる白い保護衣だが、中には移動用の青いものもある。それぞれに企業名と個人名がマジックで手書きされていて生々しい。中から出てきた退域所レシートの日付を見ると、二〇一一年十一月とあった。あの3・11の年に入った仲間たちが着ていた保護衣なんだ、と思うと、感動してしまった。考えてみれば、この倉庫には四年前使用されたものからずっと溜まった保護衣が保管されていたのだ。今も溜まり続ける保護衣は、単純に計算しても、一日七千人が働いているとして、最低でも白い保護衣は一枚、私たちのように移動用に二枚の青い保護衣を使用すれば一日三枚、おおざっぱに見て、イチエフだけで一日二万着近くの使用済保護衣が出ることになる。それを今まで、この倉庫などに仮置きしていたのだが、いよいよ限界に近くなり、焼却して減容化するという段になった。しかしいざ蓋を開けてみたら、焼却口が狭くてどうにもならないと、苦肉の策としてこのリサイズ作業に着手したというおそまつ。行きあたりばったりの廃炉作業の現実を象徴するもので、「船頭多くして船進まず」、指揮命令系統がバラバラで、お互いの縄張り意識があってか情報連絡体制が機能していない。あげく、失敗しても「前例がない事業なのでしょうがない」と誰も責任を取らないのである。「賽の河原のようだなあ」とうず高く積み上げられた保護衣の山を見てひとりごちた。

エコー委員会

イチエフのバス待ち合い所やJヴィレッジの通路の壁に、「エコー委員会」という大きなポスターが貼られている。初めは〝エコ〟の委員会かと気にも止めなかったが、Jヴィレッジや入退域所にはそのポスターのそばに、「意見箱」という木製の箱が置かれ、横には「回答書」と書かれた印刷物があり、「自由にお持ちください」とあったので読むと、この「エコー委員会」の謎が解けた。

「エコー委員会」とは東電社内に設置された委員会で、作業員の日頃の悩み、改善して欲しいことなどの意見を受け付け、作業し易い職場環境をつくるのがその目的らしい。誰でも個人の意見を備え付けの意見箱に投書できるが、できれば氏名、所属を入れてほしいと。でも実際は個人の意見など言えるはずもない。私たちのチームリーダー中根さんがこぼしていた。「正直に氏名と所属を書いて、着替えロッカーの数が少ない」と書いて出したら、後で上から、「何で直接投書したんだ」と叱られたとか。でも毎月何人もがさまざまな意見を投書するようである。

持ち帰って読んだ回答書の内容は多岐に及んでいた。装備品、汚染雨水、ロッカー、危険手当などへの不満、あるいは名指しで企業車がスピードを出し過ぎてる（会社名は伏字）など、中には被災した東電社員の家族から、一般の人と比べ賠償差別があるという意見もあった。この家族の意見の最後は「トップの方たちが社員とその家族は被害者ではなく感謝もしないと考えているのでしたら、はっきり言って下さい。もみ消さず公表して下さい」と怒りの言葉で締めくくられていた。あるいは、階段手摺りの修理の遅れに関して、「小さな修理もできない会社が原発の収束などできるわけがない」という辛辣な意見もあった。ちなみにその回答は「申し訳ございません。失念しておりました」と、正直なものだった。

こんな内容なので、回答書は結構面白い。しかし実際作業員はあまり見ていないようである。不満があっても諦めているのか、意見を言うことなど最初から頭にないのか、みんな不満はあっても仲間うちでの愚痴で消化してしまうのが実状だ。こんな「エコー委員会」という部内機関でなく、本当は私たち七千人の作業員の意見や不満を要求としてまとめ、東電に交渉する労働組合があれば、もっと働きがいのある現場になると思うのだが。

こんなイチエフにも労働組合は存在する。本体の東電社員は電力総連に加盟する東電労組に加入しているし、協力企業の東京パワーテクノロジー、アトックス、東京エネシスなどの社員も発電所保守部門の労組として電力総連に加盟している。みんなユニオンショップという、入社と同時に組合加入する制度を取り入れている。

組合本体の組合費とは別に、電力総連に加盟する東電労組には組合員個人加盟の政治連盟というのがあり、任意ながら加盟費が徴集されている。年間数億円の金を集め組織内候補である二人の民主党参議院議員はじめ、地方議員に政治資金を提供するのだ。

一方、イチエフには電機連合に加盟する東芝労組や日立労組の組合員や、基幹労連に加盟する三菱重工労組やＩＨＩ労組の組合員もいる。東電労組も含め、これら労組の上部団体は連合である。

またイチエフにはこの他に、鹿島や清水建設などいわゆるゼネコンの社員の組合もある。こちらは「職員組合」や「社員組合」といって上部団体を持たない企業内組合で、労働組合とは一線を画す。除染現場を仕切っているのはゼネコンのみ、つまり作業員を使う社員の中に労働組合員は存在せず、いても「社員組合員」か「職員組合員」だ。

この春、世間ではアベノミクス効果による賃金アップが伝えられているが、ここイチエフではそんな話は全く聞かない。東電労組は春闘での賃上げ要求を見送ったというが、他の東芝、日立、三菱重工、ＩＨＩ、あるいは大手ゼネコン各社は平均で六～八千円のベースアップを回答したという。しかし、そのおこぼれは私たち日雇下請けには雫さえ落ちてこない。

いろいろ組合はあっても、今のイチエフには労働組合の姿はまったく見えてこない。しかも組合に入れるのは正社員だけで、その下の私たち二次、三次の作業員は入る資格もなく、組合があることさえも知らない。ここには「労働者」は存在せず、一部のエリート社員と大多数の「作業員」がいるのみ、なのだ。

国、東電からの上意下達の命令に社員、作業員は絶対服従、ここには労使関係は存在しない。ガス抜きのような御意見箱があり、エコー委員会から回答があっても、賃金差別や休暇（年休、慶弔）など基本的な労働条件問題に言及することはない。

労働者はこれから半世紀も続く廃炉作業を黙って奴隷のように働くしかないのか。泣き寝入りが横行するような荒んだ雰囲気で廃炉作業がうまく行くとは思えない。いつの日か、業種も企業も二次、三次の身分も越えてイチエフで働く仲間が一緒になって、東電やメーカー、国に声を挙げることができないかと思うのである。

イチエフの桜

リサイズ作業を始めた頃、イチエフ構内の桜が一斉に開花した。入退域所を出てすぐ左手のメインストリートはピンクの桜並木がつづく。その向こうに立ち並ぶ鈍色のタンクとのコントラストが印象的だ。震災前は構内一面に桜があったそうだが、現在はタンクや駐車場増設のため次々と切り倒され、中央通りと呼ばれるメインストリート沿いに三〇~四〇本くらいの老木が残るだけである。幹は太く、おそらく開所時に植えられたものと思われるので、樹齢は四五年くらいだろう。私が初めて入場した時あった樹も何本か伐採され、駐車場になっている。廃炉まで予定では四〇年と言われるが、その頃までこの桜は生きているだろうか。

それにしても空間線量の高い構内で放射線をズッと浴び続けて、桜も可哀想だなあと思ってしまう。木の下に目をやれば、たんぽぽやスミレなど色とりどりの草花がひっそり咲いている。ふきのとうやゼンマイ、ヨモギなども顔を出す。「食べればうまいんだけどなあ」と同僚がつぶやく。「花見でもやりたいなぁ」とも。殺伐とした色彩のないこんなイチエフにも春は確実に来るのだ。

桜を愛でる人間がいる一方、構内にはさまざまな動物がうごめく。作業員の弁当の残飯を求めてネズミやゴキブリは休憩所内を徘徊するし、ハエや蚊も飛んでくる。事務本館前で袋詰め作業をしていたら、蚊がブーンと白い保護衣にまとわりついてきた。人間の発する汗の匂いに誘われたのだろうが、全面マスクや保護衣の上から皮膚は刺せないのに、わからないで飛び回るイチエフの蚊が哀れに思えた。

動物といえば、痩せた子猫も見た。骨と皮状態でトボトボと海岸方面に向かっていた。人間からエサは貰えないので、浜辺に行って魚や貝などを食べようとしているのか、こちらも可哀想に見えた。ちなみにイチエフ構内は周囲を厳重な金網で仕切っている。高さは二メートル超あるか、網の隙間は四センチくらい、犬やイノシシなど大きな動物は侵入できないが、子猫やモグラ、ネズミなど小動物は潜り抜けることが可能である。それに、空を飛ぶ鳥。天敵が少ない構内はさしずめ野鳥の楽園のようで、中でも目をひくのが雉。現場に向かう道路を悠然と横断する、青光りする羽がまぶしい雄雉の姿をよく見かけた。エサは土中のミミズや昆虫か。

しかし、浜辺の魚にしても、昆虫やミミズにしても、草木にしても、みんな放射能汚染されているはず。これから何十年、はたして食物連鎖が構内の動植物たちに悪い影響を与えないか、心配になる。人間のおかげで、何も知らない生き物たちがその未来を変えてしまうとしたら罪なことである。

実は戦時中、この地は旧陸軍航空隊の飛行場だった。先日、第二次世界大戦末期に米機動部隊の艦載機が撮影したガンカメラの映像をテレビで見ていたら、何と福島県双葉郡の海沿いの丘陵めがけて激しい機銃掃射が行われているではないか。大戦末期の八月、特攻教育隊の飛行場に向けた空からの攻撃、まさにそこは今私たちが働いているイチエフの場所だった。一瞬、映像を見ていたら今の原発施設にロケット弾が撃ち込まれているのではと錯覚したくらいだ。何か因縁じみたものを感じてしまうが、歴史に翻弄された土地であることは確実に言える。今もこの地は「戦場」なのだ。

退職を告げる

来る日も来る日もそびえ立つ保護衣の山と格闘していると、一体いつまで続くのだろうかと思ってしまう。まぁ仕事があるのだから贅沢は言えないけれど、ちょっと空しくもなる。保護衣のリサイズ作業の次には、素肌に着けていた下着や手袋などをやるらしいが、暑い中で下着類からムッとくるだろう臭いを想像しただけで恐ろしくなる。今までは毎週のように場所が変わる仕事だったので戸惑いもあったが、それなりに新鮮味があり面白かった。「毎日、探検してるみたいだなあ」と同僚が話していたが、私も頷いてしまった。テレビでもなかなか入れない場所に入って、間近に見る原子炉施設の迫力は鬼気迫るものがある。大げさに言えば、日本の歴史を変えた現地、現物をこの目で確認しているのだ、と思った。

だが、今度のリサイズ作業、確かに同一場所で線量も一日〇・〇二ミリシーベルトと、これまでの所と比べ格段に低いのは良いけれど、単調で面白味がない。その上、一日の目標個数なども言われ、結構せかされるのだ。当初、言われた処理目標はコンテナで年間三六〇〇箱、気の遠くなる数字のようだが、ザックリ計算すると正月休みや盆休みなど入れて年間三〇〇日勤務として一日約一二箱というノルマ数が出てくる。コンテナ一箱にはだいたい六〇〜七〇袋入るので、一日に八〇〇袋前後処理しなければならないことになる。一日二時間リサイズ作業をぶっ続けにしても、マックスで七〇袋が限界、人がたくさんいればいいのだが、作業スペースも狭く、一度にたくさんの人数ではできない。これから真夏になればサマータイムが導入され、作業時間は一時間に制限される。ギリギリの目標である。そこで考え出されたのが「交代制」だ。早番、遅番の二チーム編成にすれば狭い作業場でもできる、と。でも、いずれにしても追われる仕事に変わりはない。

決定的なのは、土曜日、祝日も出勤となったことである。これまでは、基本的に土曜、祝

労働契約書（本採用）

株式会社 [redacted]（以下「甲」という）と　池田　実　（以下「乙」という）は、
以下の条件にて労働契約を締結する。

期　　間	平成26年7月18日から　（期間の定めなし）
就業の場所	福島県内
仕事の内容	福島原発内作業（ただし勤務開始まで待機期間がある事がある。また契約期間が空く時は、勤務内容が変更になる事があり、その指示に従わない場合は休日扱いとなる。）
始業終業時刻及び休憩	午前　８時００分　から　午後１７時００分まで 休憩時間　60分
休　　日	土曜日・日曜日
所定時間外労働等	１．所定外労働をすることがある。 ２．休日労働をすることがある。
休　　暇	年次有給休暇　　労働基準法どおりとする。
賃　　金	１．基本給　　日額　：　10,000円 ２．諸手当　　日額　：　4,000円 ３．割増賃金　：　時間外労働の場合、基本給の1.25倍 深夜労働の場合、　基本給の1.25倍 法定休日労働の場合、基本給の1.35倍 通勤手当　：　無し ４．賃金締切日：　末日　　　　賃金支払日：　翌月末日 ５．賃金支払時に控除する費用：　所得税、社会保険料等 ６．賞　与：　なし ７．退職金：　なし
退　　職	定年は６０歳　　（但し、定年後６５歳までの再雇用制度あり）
そ　の　他	①　この通知書に定めることのほか、就業に関する事項は労働基準法その他関係諸法令の定めるところによる。 ②　節度ある行動を心掛け、仕事内容等を直接元請会社に尋ねないこと。 ③　自己都合により退職する場合は、少なくとも１ヶ月前までに申し出て退職願いを提出すること。

平成26年　7月17日

（甲）

労働契約書

日は休みの週休二日制だった。労働契約書（除染の時は雇用契約書だった）にも休日は「土曜日・日曜日」とあり、別欄で「休日労働をすることがある」と記されていた。だから私は毎週のように東京に帰ることができた。除染の時の住居は南相馬市だったので、土日が休みでも帰ることは困難だった。当時は国道6号線も全線開通していなかったので、帰京経路は、原ノ町からバスで福島駅に出て新幹線に乗るという、片道五時間以上かかるものだった。しかし、第一原発に移ってからは、住居がいわき市となったので、いわき駅から高速バスで東京駅まで三時間で帰ることができるようになった。おまけに終業時間もグンと早くなったので、金曜日の夕方には東京に帰ることができた。

それが土曜出勤で困難になった。交代で土曜休みにしてもいいと言われたが、休みたいという同僚はあまりいなかった。やはり仕事して稼ぎたいのだ。労働契約書の内容の変更じゃないかと言いたかったが、一人だけ文句を言ってもしょうがないので、週休一日をしぶしぶ受け入れるしかなかった。

もう一つ、湯本寮の問題もあった。何せ七人の中年男が一つ屋根の下で生活するのだ。トイレ、風呂、洗濯、炊事など気を使い消耗する。自分は協調性のある方だと思っているのだが、「イビキがうるさい」などと常識はずれの文句を言う者が大きな顔をしているのには閉口した。「仕事より部屋にいる方が疲れる」と同僚が言っていたが、本来の休息する場所で、みんな息をひそめ神経を尖らせているような状態に置かれているのはたまらない。

持病の腰痛もあり、しゃがんですることが多い仕事はボディブロウのように身体を痛めつけるし、東京に残した家族からも「心配だから早く戻って」と懇願される。「潮時かなあ」と思い始めたのは四月半ばころだった。ちょうどチームリーダーをしていた上の会社の佐々木さんも四月いっぱいで辞めると言っていたので、私も一緒に退職することを決意した。

問題は、いつ言うかである。労働契約書には「自己都合により退職する場合は、少なくとも一か月前までに申し出て退職願いを提出すること」とあったのだ。もう期限を過ぎている。契約違反だからと退職が認められないかもしれない、と不安を胸に、電話で上司にその旨を伝える。はたして、心配は杞憂に終わった。あっさりと「ああ、そうですか。だったら退職願を後で出してください」とすんなりと認めたのである。少しの慰留や理由の詮索など覚悟していたのだが、こうあっさり認められてしまうと、逆に「なんだ」という気になるから勝手なものである。自分はチームに必要とされていなかったのではと思い始めるのだ。

よく上司が「ここイチエフで働きたい者はたくさんいる」と言っていたのを思い出した。「池田さんは元公務員だというので、特別に入れたんだ。そこを忘れないように」と嫌味たっぷりに彼は小言を言っていたものだ。「仕事が楽で賃金は高い人気のイチエフ」、大げさとは思ったが、いくらでも代りはいるというのは本当かもしれないと思った。除染の時に一緒に仕事した青森出身のTさんが「福島に働きに来たからには、やっぱりイチエフで仕事するのが夢だなあ」と言っていたのを思い出した。楽な仕事というより、除染よりイチエフの方が仕事のやりがいがあるというのだろう。

退職について、同僚たちの反応はおおむね好意的だった。まあ、最年長ということもあり、いつリタイアしてもおかしくないとみられていたのか。同室のWさんとは、たまに近くの居酒屋に行く仲になっていたので、別れを告げるのは本当につらかった。私の後釜に入ってくる者とウマが合うかわからないこともある。テレビのチャンネルや就寝時間など合わないと困ることがあるが、何より気管支を患っているので喫煙者が来るのではという不安があるのだ。他の寮で住人どうしが喧嘩したという話も一件や二件ではなかった。みんな我慢して、あまり私生活には干渉せずに暮らしているのだが、中には我の強い者もいる。Wさんは「金があれば近くにアパートでも借りたいんだけど」と夢物語をしゃべっていたものだ。

あとに残した同僚の事を思うと後ろ髪をひかれるような気もするし、イチエフの現場は今後どう変わっていくだろうという関心もあったが、ひとまず福島を引き揚げることにした。

〈第8章〉退職

WBC

退職が「許可」されたら、さっそくWBCと退所手続きの日を決めなければならない。WBCとはホールボディカウンターの略で、ここイチエフでは入退所時と、三か月に一度、内部被ばくを調べるため作業員はこの検査を受けなければならない（女子は一か月ごと）。検査所は昨年末からJヴィレッジ構内に移転し、イチエフで働く者にとっては便利になった。実は全国に検査場はあるのだが、ここ福島はあの日以降県内各地に検査場が設置されている。たまに、仕事場から逃亡する者が出ると大変だ。何しろWBC検査は法律で義務付けられているので退所時に必ず受けなければならないのだ。

こんな話を聞いた。夜逃げした作業員がいて、みんなで探し回ったが見つからない。数日経って東北の実家に帰っていることがわかり、係官がわざわざ車で迎えに行き、「身柄を確保」して福島に連れ戻して検査を受けさせた、と。もう一人は、大阪に帰ってしまい、戻って来れないと言うので、地元の専門病院で検査を受けてもらった、と。とにかく事前に検査日の希望を言わなくてはならず面倒である。

内部被ばくとは口や鼻を通して身体内部に取り込んだ放射性物質から受ける被ばくのこと。放射性源が身体の外にある外部被ばくに比べ、同じ値でも人体に与えるダメージは内部被ばくの方が一〇倍以上も大きいと言われる。毎日、個人線量計でその日の被ばく線量がわかる外部被ばくに比べ、内部被ばくはわかりづらい。そして検査方法もまちまちだ。

私が除染の際受けたWBCの機械は、立って扉を閉めて調べるものだったが、Jヴィレッジの機械は椅子に座る扉なしのもの。計測時間も、除染の時はもう少し長かったような記憶があるが、ここは一分ポッキリだった。確かに一日に何百人もの作業員の検査をこなすにはこうした簡易型の方がいいのかも知れないが、はたしてちゃんとした結果が出るのか疑問だ。聞いた話では、機関によっては閉架式で五分間も検査する所もあるという。

さて、内部被ばくの結果数値（除染では数値は教えてくれなかった）だが、前々回は「2155cpm」と記入された数値が、前回は何と「921」に減り、さらに今回受けた数値は「805」にまで下がっていた。このcpmとは一分間に体内から出た放射線の数。素人の私はてっきりこの数値はどんどん蓄積されるものと思っていたが、聞けば体内に入った放射性物質は新陳代謝によって出ていくというではないか。セシウム137なら三か月で半分程度に減るらしい。前々回の2155cpmの数値を見た先輩から「高いねえ」と言われ、ちょっと前に除染をやってたと言うと「その時の内部被ばくだ」と。毎日測る外部被ばくと違い、内部被ばくというのはよくわからないというのが実感だ。

一分間の測定が終わると、画面に「異常ありませんでした」と出て、無事終了となったが、はたして異常とはどの位の数値なのか疑問は残る。もらった結果通知の紙片には小さな字で、換算定数、概算評価、計算例とか数式が書かれているが、難しくて良くわからない。聞けば「一万cpm」を超えなければ何も問題はないという。先輩の話では「太ったヤツは肉が厚くて数値が低いんだ」と。肉が邪魔して、体内の放射線があまり測れないのだそうだ。

そういえば、APDと一緒に着けているガラスバッジの数値は個人には教えてくれない。ガラスバッジとは、放射線を照射すると発光する性質を持つようになる特殊なガラス素材を使用した線量計で、大きさは使い捨てライターほど。福島県の市町村の住民、特に小・中学生は携行して線量を測っている。

警報付線量計APDは構内での外部被ばく線量を測るものだが、ガラスバッジは構外で日常の外部被ばく線量を測るもの。厳密に言えば、この二つの計測器を合算した数値が一日二四時間の総被ばく線量となる。だが、実際には構外に出れば線量はガクッと低くなる。言うならば、ミリシーベルトからマイクロシーベルトの世界に出るのだ。例えば、一号機付近で一時間作業して〇・一ミリシーベルト被ばくして、いわき市内に帰ると空間線量は一時間あたり〇・一マイクロシーベルトと千分の一になる。それでも東京都内から比べれば一〇倍以上も高いのだが。だから、チリも積もればではないが、数値は低くても日常生活時の外部被ばくも考慮しなくてはならないのは当然だ。だがこのガラスバッジの数値は一か月ごとの集計となる。毎月、上の二次下請けの会社に全員のガラスバッジを集めて持参し、新しいバッジと交換する。月ごとにバッジの色は、黄色、緑、ピンクと変わり、前月のものと混同しないようにしている。各人には知らせないが、一か月の総線量はこのガラスバッジ分も加えて後の放射線管理手帳に記録されることになっているのか、実態は不明である。

いずれにしても、この日常の外部被ばくと併せ、内部被ばくともども時限爆弾のように自分の身体を蝕みはしないか、漠然とした不安は残る。

退寮の朝

四月末、会社の上司に付き添われJヴィレッジにあるWBCに行った。検査を受け、「異常なし」の判定をもらい、「作業者証」を返却、これですべての退所手続きが終了した。入る時の煩雑さに比べ、出る時はあっさりしている。

待合室でちょうど今月辞める、上の会社の佐々木さんと顔を合わせた。「来月から何するんですか」と聞くと、「営業だよ」と。てっきり私は、しばらく地元でのんびり過ごすのかと思っていたが、そうではなかったのだ。同じ会社で、今度は現場作業ではなく新しい仕事を取ってくる営業に回ると言う。「営業って結構忙しいのですか」と尋ねると、「もうたいへん、国分町まで行ってピンク営業するんだから」と笑いながら答える。国分町とは隣県の仙台市にある繁華街の地名である。一次、二次会社となれば、いかに次の仕事を東電の元請けから取ってくるかが重要となる。コネを駆使しながら、時には接待を交えて相手を篭絡するのだ。何せ除染とちがい民民契約なので入札手続きなど不要、工期を守り、安価で安全で完遂することを口約束し、正式手続きに持っていく。その前提となるのはやはり信用だ。決められた手順で事故なくきっちり終わらせるという実績がものを言う。ただ、この口約束というのが怖いらしい。時に全く違う業務を安価で押し付けられたり、工期が突然短くなったりするのだ。しかし受けた以上、断るわけにはいかず、赤字覚悟で引き受けたりもするそうだ。それにしても、わざわざ仙台まで足を伸ばして営業するというのは、やはり「好き」でなければできない仕事かもしれない。もちろん、私たち下請け作業員が飯の食いっぱぐれがないようにという使命感もあるとは思うのだが。

別れ際、佐々木さんが「内緒で教えてほしいんだけど、日給はいくらもらっているの」と小声で聞いてきた。私が「一万四千円ですよ」と言うと、「へえ」とびっくりした顔をされた。聞けば同じ作業している同僚にも聞いたところ、「会社の方から誰にも言ってはいけない」と教えてくれなかったそうだ。佐々木さんの「へえ」は、「それくらいしかもらってないの」という反応だと理解した。佐々木さんの会社は私たちの所属するK社に一人当たり相当な金額を振り込んでいるのだろう。もちろんその内訳は、借家代、光熱費、通勤のガソリン代なども含まれているのだろうが、それにしても佐々木さんのあの驚きの表情は忘れられない。話には聞いていたが、ピンハネの金額は相当なものなのだろうと改めて思った。

退所手続きを終え、車で会社まで送ってもらった。「退職願い」を部長に渡すと、「給料は来月振り込むから。放射線管理手帳は正式な線量が来たら書いて自宅の方に郵送します」と事務的な話で終わり。あっさりしたものだ。帰り際、社長に「お世話になりました」と頭を下げると、「おう、お疲れさまでした」と笑顔が返ってきた。また私の後釜に、誰か入るのか。そういえば、社長は正月の訓示で今年の目標として「社員一〇〇名達成」「会社寮の建設」を挙げていた。今後まだまだ続く廃炉、除染作業で、会社はこれからどんどん大きくなっていくのかと、社長の笑顔を見て思った。

その夜は同室のWさんと二人だけの送別会。ちょっとしんみりしてしまったが、「これからもお互い元気でいこう」と杯を交わした。翌日、退寮の朝。部屋の荷物を片づけ、思い出の詰まった寮を後にした。

放射線管理手帳

退職して一か月が経ったが、郵送すると言っていた放射線管理手帳が来ない。個人の被ばく線量の数値が記録されているこの手帳は、就労中は勤務先の会社で保管するが、退職時には本人に必要事項を記入して返すことになっている大事なものだ。確か除染の時は退職後一週間ほどで自宅に郵送されたはずだったが、今回はちょっと遅いと思い、電話すると「今記入しているので少し待ってほしい」と。やっと届いたのは五月下旬、ずいぶんと待たされたものだ。もし除染やイチエフ関連の仕事に就くことになったら必要な手帳なのに、困ったものである。

一見貯金通帳のように見える手帳の内容を見る。国がかかわっているものと思いがちだが、手帳にはさまざまな企業名が記載されている。表紙の裏には、「中央登録番号」と私の名前、生年月日の下に「放射線管理手帳発効機関」として「株式会社千代田テクノル福島営業所」という名が。例のガラスバッジの最大手メーカーだ。

手帳の裏表紙には、公益財団法人「放射線影響協会」「放射線従事者中央登録センター」という名称が記されている。調べると、一九七七年に、放射線影響協会が設置したのが「中央登録センター」で、手帳制度はこの時発足した。この制度は、「国の指導のもとに原子力事業者、元請事業者等の協力により、中央登録センターが主体となって自主的に運営」しているもので「全国統一様式の放射線管理手帳を用いて、原子力発電所等の原子力施設に立ち入る者の被ばく前歴を迅速、かつ的確に把握すること及び原子力施設の管理区域内作業の従事に際して必要な放射線管理情報を原子力事業者等に伝達することを目的」としている。また、被ばく前歴、放射線防護教育や健康診断の実施状況など放射線業務従事者としての要件を満たしていることの証明が可能となるもので、作業実施後は、従事した原子力施設名や被ばく線量等が手帳に記入される。なお、二〇一三年からは除染作業従事者にも手帳制度が適用されるようになった。この手帳の販売元は「株式会社通商産業研究社」といい、放射線関係の図書販売やセミナーなどを主に行っている会社だ。手帳ひとつ見るだけで「原子力ムラ」のすそ野の広さを感じる。本来は「自主的運営」ではなく、国が一元的に管理すべきものと思うのだが。

さて、私の外部被ばく線量だが、二〇一四年の四月から二〇一五年の三月まで合わせて、六・一三ミリシーベルトと記載されていた。前年度になる二月と三月の除染作業での〇・六二ミリシーベルトを加えると、一年あまりで六・七五ミリシーベルト被ばくしたことになる。後日会社から二〇一五年の四月期分が郵送され、「確定値〇・五」となったため、最終的に累積線量は七・二五ミリシーベルトとなった。東電が発表した昨年度のイチエフ作業員の年間被ばく線量の平均が確か四・九ミリシーベルトだったので、私はそれを若干上回ったことになるが、東電が上限としている年間二〇ミリ（法定では一年五〇ミリ、五年間で一〇〇ミリ）からみればはるかに低い数値とも思える。

線量を抱えて

被ばく線量が高いか、低いか。「直ちに健康に影響をもたらす数字ではない」と言われるが、五年後、一〇年後、はたしてこの七・二五ミリシーベルトが私の身体にどういう変調をもたらすのか

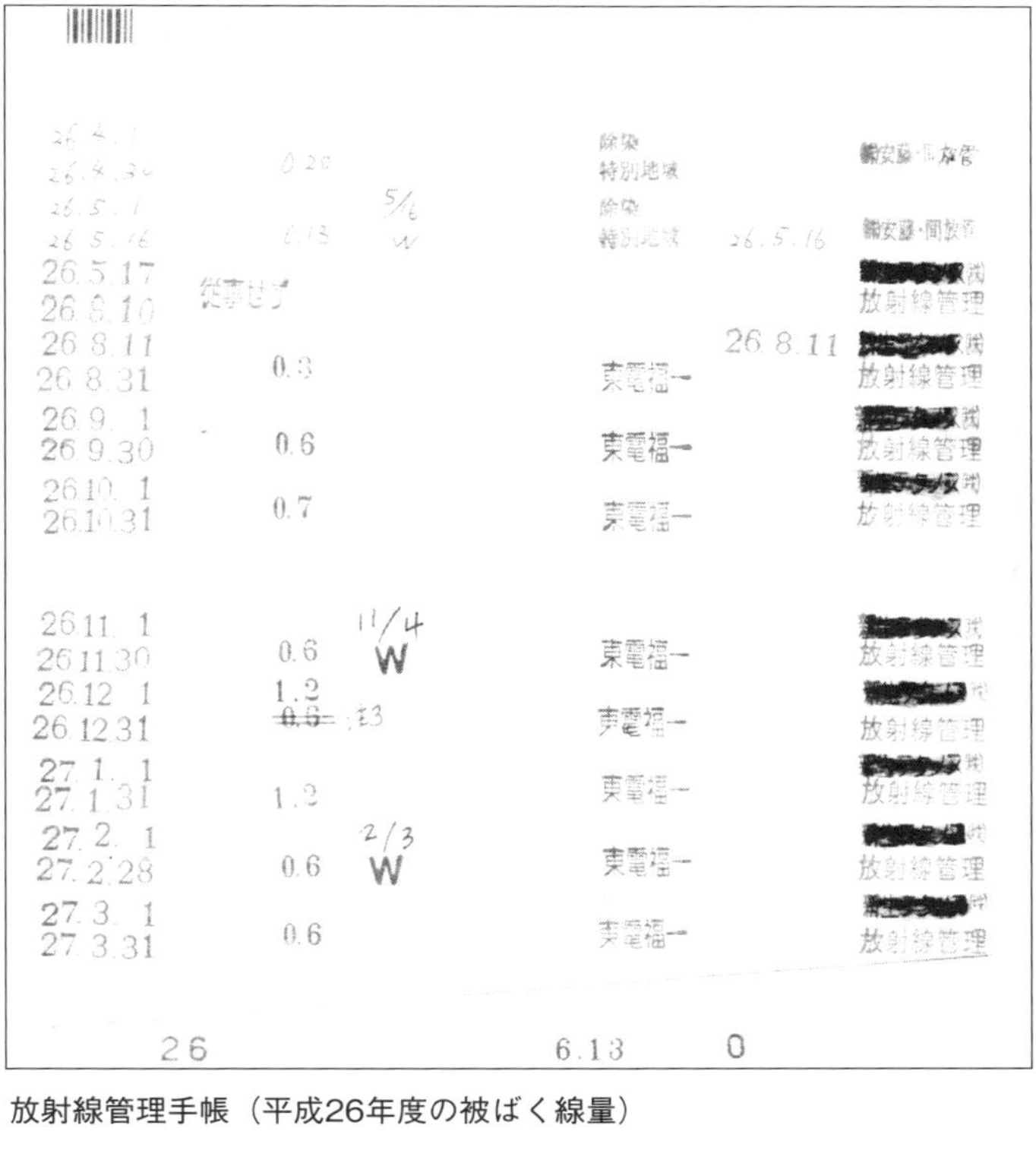

26.4.1 26.4.30	0.20		除染 特別地域		㈱安藤・間放管
26.5.1 26.5.16	0.13	5/16 W	除染 特別地域	26.5.16	㈱安藤・間放管
26.5.17 26.8.10	従事せず				[redacted]㈱ 放射線管理
26.8.11 26.8.31	0.3		東電福一	26.8.11	[redacted]㈱ 放射線管理
26.9.1 26.9.30	0.6		東電福一		[redacted]㈱ 放射線管理
26.10.1 26.10.31	0.7		東電福一		[redacted]㈱ 放射線管理
26.11.1 26.11.30	0.6	11/4 W	東電福一		[redacted]㈱ 放射線管理
26.12.1 26.12.31	1.2 ~~0.6~~		東電福一		[redacted]㈱ 放射線管理
27.1.1 27.1.31	1.2		東電福一		[redacted]㈱ 放射線管理
27.2.1 27.2.28	0.6	2/3 W	東電福一		[redacted]㈱ 放射線管理
27.3.1 27.3.31	0.6		東電福一		[redacted]㈱ 放射線管理

26　6.13　0

放射線管理手帳（平成26年度の被ばく線量）

誰もわからない。

それなのに原子力規制委員会は、原発事故対応にあたる作業員の被ばく線量の上限を、現行の一〇〇ミリシーベルトから二五〇ミリシーベルトに引き上げる原子炉等規制法（炉規法）の改正案を了承したのだ。二〇一六年四月から施行されるという。

福島第一原発事故の際に、従来の上限一〇〇ミリでは収束作業が難しいとして、一時的に二五〇ミリに引き上げられた。緊急時の被ばく線量は、炉規法と労働安全衛生法の関係規則で定められる。今回、福島の事故の経験を踏まえ、緊急事態が発生しても迅速に作業を始められるよう自動的に二五〇ミリに被ばく限度を引き上げたのだ。併せて生涯の被ばく線量限度を一〇〇〇ミリシーベルト（一シーベルト）とすることも大臣指針として盛られた。

これは、次々と再稼働が予定されている原発で、再び福島のような過酷事故が起きることを想定して、再び私たち作業員を投入させるための準備と言える。二五〇ミリといっても、現に福島の事故では最大六七八ミリシーベルトまで浴びた者もいたのだから、これが歯止めとなる保証はない。緊急時、新たに出された「生涯限度一シーベルト」のギリギリまでの被ばく強要が可能となる恐れは否定できない。

前もって「緊急作業従事者」は志願制で選任するというが、委託事業者も含まれており、多くの下請け労働者が半強制的に緊急作業に投じられる可能性が十分あるのだ。つくづく兵士のようだな、と思う。実際、放射線審議会（平成二七年七月二三日）では「二五〇ミリシーベルトを超えるような事態になれば、もう収束を断念するのか」という審議委員の質問に、原子力規制委員会は「万が一のその想定を超える事故に対しても備えるという立場では、こうした正当化原則などが認められる場合には、こうした限度の運用については、こういう国際的に言う参考レベル（五〇〇ミリ）を考慮した運用が可能」（佐藤暁原子力規制企画課長）と答えている。この「正当化原則」というのは、「従事することによる健康リスクに対し、他の便益が明らかに上回る状況で、作業の実施に正当性があること」と定義される。要するに、「過酷事故が起きたら、どれだけ被ばくするかなど考えず、とにかく収束するため、緊急作業に全力をつくせ」ということだ。

また、「生涯線量一シーベルト」を大臣指針とした理由について、厚生労働省は「最低基準として明確に罰則つきで義務を課すということについては見送ったということでございまして、大臣指針によって事業者に行政指導という形で促していくということを選択しております」と述べている。もし想定を超える事故が起きてしまったら、「緊急作業従事者」は「正当化原則」の名のもとに、二五〇ミリを超えても、さらに一〇〇〇ミリを超えても、収束するまで作業を続行させせられる運命が待っているかもしれない。チェルノブイリの消防隊員のように。

なぜ「二五〇ミリ」と設定したのだろうか、その根拠は非常に曖昧である。原子力規制庁が参考にしたのが、アメリカ環境保護庁のガイドラインの「二五〇ミリ」だ。他にいろいろな文献、データがあるが、しきい値（これ以下なら安全という線量）をいくつにするかという明確な根拠はないものの「保守的な立場」から二五〇ミリにしたという。重視したのは「リンパ球の減少による免疫機能の低下」で、全身の健康に与える影響が大きいからとしている。

これまで原子力施設で働いた労働者が放射線被ばくによって発症したがん，白血病などで労災認定された事例は、全国で一三件である。病名は白血病、多発性骨髄腫、悪性リンパ、これに東海村ＪＣＯ臨界事故で急性放射線症三件（うち二件は死亡）の認定を加えても、一六件にすぎない。

放射線による健康影響で重要なことは、確率的影響にはしきい値がなく、低線量の被ばくでも、線量に応じてがんや白血病などの晩発性障害を発症させる可能性があるということである。

厚生労働省は、二〇一一年一〇月、緊急作業に従事した労働者を対象にした生涯にわたる放射線被ばくによる長期的な健康管理制度を作り、運用を開始した。緊急作業従事者の個人識別情報（氏名、所属事業場、住所等）、被ばく線量及び作業内容、健康診断、保健指導等の情報を事業者に報告させ、国が設置するデータベースで管理するというものである。

緊急作業従事者には登録証が交付され、被ばく線量や健康診断等の情報の記録の写しをいつでも受け取ることができる。また被ばく線量が五〇ミリシーベルトを超える者に、「特定緊急作業従事者等被ばく線量等記録手帳」が交付される。被ばく線量が五〇ミリシーベルトを超える者に白内障検査、一〇〇ミリシーベルトを超える者にがん検診を一年に一回実施するよう事業主に義務づけ、放射線業務から離職後は国の費用で一般健康診断やがん検査が受けられることになった。

しかし、この緊急作業従事者等の長期的健康管理制によって実際に登録証が送付されるのは、二〇一一年の3・11から同年十二月一五日までの福島第一原発の緊急作業従事者約一万八千五百人に限られる。十二月一六日の「事故収束宣言」で緊急作業は終了したものとされ、それ以後新たに入所した労働者は対象とならないのだ。さらにその中で、被ばく線量五〇ミリシーベルト超で手帳を交付されたのは八百人あまりで、うち協力企業の下請労働者は三〇〇人あまりにすぎない。

事故から三年後の二〇一四年に入った私には、当然ながらこの「手帳」は交付されない。「放射線管理手帳」はもらったが、これは次の現場に行くとき提出するためだけにあるもので、「緊急作業者被ばく手帳」のように、離職後も無料で健康診断やがん検査を受けることはできない。もし五年後に私が体調を崩し、自費で病院に行ったら、がんと診断されてもう手遅れだったなどということもあるかもしれない。定期健診を受けていればと思っても後の祭り、被ばくによる労災申請をしても「針の穴を通す」ようなもので、認定される可能性は極めて低いと言わざるを得ない。

目がヒリヒリ

そこで気になることが一つある。浪江町で除染していた時のことだ。二年近く除染をしていた同僚が、「高い線量の所に入ると目がヒリヒリするんだ」ともらしていた。浪江町でも北部の山林近くに行けば行くほど空間線量はどんどん上昇する。私が作業していた河川敷でも、川上の方に行けば一時間二五マイクロシーベルトに達する場所もあった。彼は、川下の線量の低い所から川上に行くと、とたんに目がヒリヒリするようになると言っていた。「これは絶対に放射線の影響だ」と。はじめ私は「気のせいだ」と思っていたが、確かに高線量の地域に行くと目が痛くなるような気がした。草刈機を使用する時は目の保護のためゴーグルをつけるが、ふだんは外気に目をさらしているのが除染作業の現場、全面マスクで防護しているイチエフとは大違いである。いや、イチエフでも詰所から入退域所に徒歩で行く際には、全面マスクは外して目は無防備だ。さらに最近では、線量が下がったからと構内でも半面マスク着用エリアを増やしており、その現場で作業員は目を空気中にさらすことになる。二〇一四年度末時点では、イチエフ構内の九割が半面マスク着用可のエリアとなっていた。

心配になり調べてみると、二〇一一年四月にＩＣＲＰ（国際放射線防護委員会）が、白内障の線量限度を現行の年一五〇ミリシーベルトから、「五年平均二〇ミリないし一年五〇ミリ」へと大幅に引き下げる勧告を行ったというのだ。水晶体内のタンパク質の構造変化と考えられる急性被ばくの「しきい線量」については、原爆被爆生存者の成人健康調査及び線量評価が可能な原爆被爆生存者の白内障手術歴のしきい線量を示したものが根拠となっているという。

目がヒリヒリするという元同僚は、今のところ白内障の症状である水晶体の混濁はないようだが、「将来心配だ」と話す。放射線白内障は、水晶体の一部ににごりが生じるもので、水晶体の後側表面を覆う傷害を受けた細胞に発生、放射線被ばく後、高線量であれば早くて一～二年、それより低線量であれば何年か経ってから症状が現れるという。後発性のがん、白血病などとは違うのだ。聞けば、ＮＡＳＡの宇宙飛行士やチェルノブイリでも、後嚢下白内障の大きさと被ばく線量の相関が認められるという。

それなのに、作業者に半年に一回義務付けられている「電離放射線健康診断」では、診断項目に入っている「白内障に関する目の診断」は、「医師が必要と認めない時は省略できる」

という「電離放射線障害防止規則」により行われていないのが実態だ。

初の労災認定

離職して半年余りが過ぎた二〇一五年十月二〇日、大きなニュースが飛び込んできた。イチエフ事故後の収束作業に従事し、白血病になった元作業員に初めて労災の認定が下ったのである。認定された北九州市の男性（四一歳）は、二〇一一年十一月～一三年十二月の間に一年半、複数の原発で放射線業務に従事し、うち一二年十月～一三年十二月はイチエフで原子炉建屋のカバーや廃棄物焼却設備の設置工事に当たっていたという。男性の業務全体の累積被ばく量は一九・八ミリシーベルトで、イチエフでは一五・七ミリシーベルトだった。その後、白血病を発症し、二〇一四年三月に労災申請した。現在、通院治療を続けている。

厚労省は十月一三日に専門家による検討会を開き、国の認定基準に照らして労災にあたるとの意見で一致。二〇日に富岡労働基準監督署（福島県いわき市）が労災を認定した。男性には医療費全額と休業補償が支給される。

放射線被ばくによる白血病の労災認定基準は一九七六年に定められ、「被ばく量が年五ミリシーベルト以上」かつ「被ばく開始から一年を超えてから発症し、ウイルス感染など他の要因がない」となっている。しかし認定は狭き門で、今まで原子力発電所での被ばくで労災認定されたのはわずか一三人しかいなかったのだ。認定基準が定められているのは白血病だけで、他のがんや白内障などの疾病に関しては認定基準がないのである。

今回の認定について、厚労省は「被ばくと白血病の因果関係は明らかではないが、労働者補償の観点から認定した」としている。

厚労省や東京電力によると、事故後にイチエフで働いた作業員は二〇一五年八月末時点で四万四八五一人おり、累積の被ばく線量は平均約一二ミリシーベルト。このうち約四七パーセントの二万一一九九人が、白血病の労災認定基準の年五ミリシーベルトを超えているという。私もその中の一人だ。

事故後にイチエフで働いた作業員でがんを発症し労災を申請したのは、今回認められた男性以外に七人いる。このうち三人は労災が認められず、一人が自ら申請を取り下げ、残る三人は審査中だという。その中には、労災の認定がされず裁判に踏み切った元作業員もいる。

二〇一五年九月、イチエフでの収束作業中に被ばくしたためがんを発症したとして、札幌市の元作業員の男性（五七歳）が、東電などに損害賠償を求め札幌地裁に提訴した。男性の弁護団によると、同原発事故の収束作業とがん発症の因果関係を争う訴訟は全国初という。男性は事故後の二〇一一年七月上旬から十月末までの間、がれきを重機で撤去する作業などにあたった。事前の説明では、鉛で覆った操作室内から重機を無線で遠隔操作するはずだったが、重機が使えない場合などには、屋外に出て手作業で撤去したという。公式の累積被ばく線量は四か月間で五六・四一ミリシーベルトに上り、通常時の原発作業員の年間法定限度の五〇ミリシーベルトを超えた。線量計を身に着けなかったこともあり、実際の被ばく量はさらに高くなるとみられる。男性は一二年六月にぼうこうがん、一三年三月に胃がん、同五月に結腸がんをそれぞれ発症。転移ではなく別々に発症した。東電のほかに、安全配慮義務違反にあたるとして、元請けの大成建設（東京都）と下請けの山崎建設（同）にも損害賠償を求めている。

認定までのハードル

先の白血病での労災認定を勝ち取った北九州市の男性は「自分はラッキーだった。がんになった他の原発作業員が労災認定を受けられるきっかけになればうれしい。がんになった福島の人がもしいるのなら、ちゃんと補償を受けられるよう願っている」と語ったという。発症した時は、被ばくによるものと考えなかったというが、先輩の助言で労災申請した結果、道が開けた。だが、そこに至るまでは、いくつものハードルを越えなくてはならない。

まず健診を受けるまでのハードル。在職中ならば半年に一度の定期健診が義務付けられているが、離職してしまえば、病院からは遠ざかる。少し身体の具合が悪くても、なかなか自費で診察を受けにはいかないものである。

国はイチエフ事故直後の緊急作業従事者（二〇一一年十二月一六日の「収束宣言」までの期間に作業にあたった二万人弱）に関しては、「国の責任において生涯、長期的な健康管理に取り組む」ことを決め、国の予算で健康診断や保健指導を実施することにしている。しかし、それ以降にイチエフに入った私たちに関しては、在職中は法令により半年に一回の健診と三か月一回のホールボディカウンター検査が行われるものの、いったん離職したならば、もうフリー、何の補償もないのだ。

次に労災申請のハードルがある。診断を受け、白血病やがんと診断されても、それが被ばくによるものか自分ではなかなか判断はつかない。疑わしいと思っても、どうやって労災申請すればいいのか、したとしても金も手間も時間もかかる。、申請しても認定される確率は極めて低いと聞けば、誰だって躊躇してしまうだろう。

最後の難関が認定という狭き門だ。今回の白血病認定について厚労省は「被ばくと白血病の因果関係は明らかではないが、労働者補償の観点から認定した」とコメントしているが、何か「疑わしきは被告人の利益に」みたいな感じで「認定してあげた」かのような印象。しかし、五ミリシーベルトの基準というのは、厚労省の「電離放射線障害に関する最近の医学知見の検討」（二〇〇一年）という報告書で、白血病に関して「五ミリシーベルトは、現在、一般公衆の特殊な場合の年あたりの線量限度とされている値と同じであること、放射線業務従事者の平均線量等などから考えて妥当な数値であろう」と結論づけているので、「因果関係は明らかでない」とは言えないはず。それでも今回は「温情的に認定してあげた」というコメントだ。

いったん離職したら、あとは知らないではあまりに冷たい。使い捨ての駒のように見捨てるのではなく、放射線という時限爆弾を死ぬまで抱える身になって認定作業を行ってほしい。

チェルノブイリでは事故から五年後に、放射能被害を受けた市民の、国による社会的保護を定めた法律「チェルノブイリ法」が施行された。その中には事故収束作業に従事した作業者も含まれており、定期検診や保養を含む保健対策が盛り込まれている。

日本でもすべての作業者が対象の健康管理を保障する法律があれば、もっと安心して仕事に励むことができると思うのである。先の緊急作業時の線量限度引き上げと合わせてみると、何か事後保障はするから、線量は気にしないで収束作業にあたれと言っているようで恐ろしくなる。

〈第9章〉除染・廃炉作業を振り返って

船頭が多すぎる

福島での一年あまりの除染・廃炉作業を終え振り返ると、実にさまざまな矛盾がゴロゴロ転がっていた。3・11から四年あまり経ち、福島では避難した人びとの帰還が促され、「復興」が着々と進んでいるように言われている。しかし、私から見れば、福島の「復興」は全くの絵空事、気の遠くなるような話でしかない。

私がかかわったイチエフの廃炉にしても、工程表によると四〇年後とされているが、誰もそれを信じないだろう。すでに今年に入って一～三号機の使用済み燃料プールからの核燃料取り出し開始時期は最大で三年延長され、私が入所してからも汚染水漏れや死亡事故などで休工が相次いでいるのが現実。大雨が降れば、タンクの堰から雨水が漏れ、汚染水が海に流失するのは日常茶飯事、もう「事故」とは呼べない。地下水流入の抑制一つとっても、試験している凍土壁がうまく機能し、汲み上げた地下水を処理して海に放出する計画が実現するかは不透明だ。膨大なタンク群にたまっていた汚染水の処理は東電が五月に「完了」と宣言したが、今の処理装置では除去しきれないトリチウム（三重水素と呼ばれる）に汚染されたまま今後もタンクにたまっていく現実がある。毎日見上げていた一号機の白いカバーも、外されては戻される、の繰り返し、一向に中のガレキ撤去に着手できない。燃料デブリ（炉心溶融物）に至っては、格納容器がどこにあるかさえ、いまだはっきりしないのだ。廃炉作業の技術開発は、国の認可法人「原子力損害賠償・廃炉等支援機構」が司令塔になるが、その技術系スタッフは三五人程度しかいないと言われ、その体制は心もとない。

そもそも、全体の司令塔、船頭の顔が見えないのだ。責任者は、「損賠・廃炉機構」なのか、東電の「廃炉カンパニー」なのか、あるいは現場の「第一原発所長」か、東京の東電本社か、その上の経産省・資源エネルギー庁か、はっきり見えてこない。原子力規制委員会も大きな権限を持っている。国と言っても、関係省庁は、経産省をはじめ、「原子力研究開発機構」を監督する文科省、環境省の外局である「原子力規制委員会」と「原子力規制庁」、内閣府に置かれた審議会「原子力委員会」、さらには「復興庁」や放射線関係の「厚労省」、ゼネコンを監督する国交省など、除染・廃炉作業に関係する関係省庁は多岐に及ぶ。

当然、省庁間の縄張り意識もあるだろうし、縦割り行政による弊害も出てくるだろう。このような構図は現場でもよく見られる。例えば私たちが携わることとなった保護衣のリサイズ作業、新型焼却炉を受注した業者と保護衣を回収し袋詰めする業者の連携がなく、結局

「詰め替え」という二度手間作業をするはめになった。

確かに、人類史上初めての収束作業で前例のない作業ばかりで、手探り状態での試行錯誤の連続ということは理解するが、それにしてもムダやムリが多すぎる。イチエフでは、ゼネコン、原子炉メーカー、プラントメーカー、管理・検査請負など多業種の企業が混在し、またその下に二次、三次の下請け会社が入り込み（約八〇〇社）、収束・廃炉作業を展開している。業種間の競争も激しく縄張り意識も強い。その大本は東電のはずだが、それを指揮監督する責任者が多すぎるときては、「船頭多くして船山に登る」となってしまうのは明らか。結局、東電は大手元請けメーカーに現場を丸投げしてしまう。上の監督官庁や政治家に叱られ、一方で下のメーカーから突き上げられる東電は、まるで「裸の王様」のようである。

さらに言えば、東電は事故について不十分ではあれ謝罪を表明しているが、実際に原子炉を作り、運転、管理していた原子炉メーカー、プラントメーカー、ゼネコン各社は事故責任について一切言及を避けている。指示したのが東電ならば、いわば実行犯ともいうべき責任が元請け各社にはあると思うのだ。しかし、イチエフの現場に入れば、事故前と全く変わらない各社の縄張りとヒエラルキーが堅牢に存在し、その裾野はさらに深く広がっている。それどころか、「廃炉ビジネス」と称して、近郊に大型焼却施設や廃炉研究施設などの建設を新たな事業として展開しようとしているのである。

イチエフの現場では、東電の社員の姿が見えない、と書いたが、まして国の当事者意識は全く感じられないと言ってもいい。環境省直轄の除染事業では現場にも職員が巡視に来ていたが、ここイチエフは完全に民間任せ、という感じだ。

そもそも、廃炉事業だけでなく住民の賠償問題も含めて、国の関与はすべて間接的だ。多くの税金が投入される「原子力損害賠償・廃炉等支援機構」のように、国はあくまで「支援」なのである。当事者はあくまで東電、国は最終的な責任はとらない形で関与する。だから現場の私たちの雇用、労働条件、福利厚生など切実な問題には、積極的にコミットしようとしない。

廃炉が前人未到のプロジェクトであるなら、ここは動き出した船をいったん停止させ、責任ある船頭一人の下で大航海を始めるべきではないか。廃炉・除染業務に特化する、国が責任を持つ公的な組織、できれば省、あるいは公社のような専門機関を早急に設置すべきだと思う。

私たち作業員の雇用や労働条件についても、この組織が一律管理する。そうすれば、環境省管轄の除染で危険手当が一律一万円支給されるのに、イチエフ関係では各社バラバラといった弊害も解消されるだろう。ピンハネの甘い汁を求めて元請けに群がる二次、三次請負会社の搾取を根絶させ、労働条件の改善へ、つまり多重下請け構造からの転換である。

治外法権

ハローワークでイチエフ関係の求人票を見ると、どの会社も判を押したように「加入保険」の欄には「雇用」「健康」「厚生」と書かれてある。

私が除染の時お世話になったC社は、求人票通りに「雇用保険」「健康保険」「厚生年金保険」に加入していた。ちなみに二〇一三年三月の私の控除額は、「雇用保険」が二一五七円、「健康保険」が二万一九〇七円、「厚生年金」が三万二五二八円、合計で五万六五九二円だった。会社も企業負担としてほぼ同額以上を支払っていることになる。これが中小の会社にとっては大きな負担となるのだ。いや、負担ではなく法律に定められた義務であり、上の元請け会社からは当然社会保険料に相当する額が振り込まれるはずだが、下請け会社にとってはこれがコストと受け取られる。

「求人票」はあくまで建前で、実際には、除染・廃炉関係の多くの下請け会社が「厚生」「健康」保険未加入という実態があった。事態を重く見た福島県労働局は二〇一五年四月一日、「福島県元請・下請関係適正化指導要綱の改正」という文書を出し、社会保険への加入徹底を指示した。

私の会社でもこれを受け、部長が全員を集めて社会保険についての話をした。すでに元請けのTPTから社会保険加入について「猶予期間も含め遅くとも今年度中に入れるよう」要請があったというが、その後「夏くらいまで」と期限短縮の指導がきたという。「そんなに金額は引かれないと思うので、みなさん覚悟しておくように」と部長は言った。

同僚たちの多くは、健康保険は「国民健康保険」、年金は未加入というのが普通。中には国保の保険料を滞納している者もいた。借金を抱えている者も少なくなく、銀行の口座を開設できない者もいるくらいだ。したがって毎月の給料も銀行振り込みではなく、「現金手渡し」となる。そんな状態の中、なけなしの給料から月五万円以上も社会保険料として控除されたらたまらない。変な話だが、会社を決める一つのポイントは「社会保険未加入」だと除染の時一緒になった先輩が言っていたものだ。保険料を取らない会社は「良い会社だ」と真顔で言っていた。

本来なら、社会保険料分も含めもっと給料を上乗せすべきだと思うが、現実は控除として個々人に重くのしかかる。下請け会社にとっても、仮に従業員が百人いたら保険料五万円として月五百万円の出費となる。しかし、社会保険は労働者にとって最低限の保障、セイフティーネットとしてすべての作業員を加入させなければならないのは事業者に課せられた義務である。元請け会社は、傘下の協力会社の多くが社会保険未加入であることを知っていながら黙認してきた。もし加入措置をとって協力企業が経営難に陥り撤退を決断されたりしたら大変だと、行政からの指導をズルズルと引き延ばしてきたのだ。その根底には、私たちを一人の労働者としてではなく、使い捨ての作業員として見ている意識があると思わざるをえない。

もう一つ、休暇の問題がある。労働契約書には「休暇」の欄に「労働基準法のとおりとする」と明記されているが、誰も取らない。法律では六か月以上働けば一〇日以上の年次有給休暇を取得することができることになっているはずだが、この現場には「年休」など存在しない。「休みたければ、いつでも休んでもいいよ」と言われるが、日給はもちろん出ない。忌引きなどの諸休暇もない。みんな有給休暇があるということを知らないのか、あるいは知っていても言えないのかわからないが、何か用事がある時は「自腹」で休むのだ。

私は、退職を告げる時、もし会社から何か言われたら（契約書では退職は一か月前に通告することとなっていた）年休の事を持ち出してやろうと密かに決意していたのだが、結局はすんなり認められ、言い出せずじまいとなった。

社会保険もない、休暇もない、そもそも労働基準法に定められた「就業規則」の存在すら聞いた事もなかった。まさにイチエフは治外法権の職場だとつくづく思った。

福利厚生

作業員にとって、衣食住の問題は重要だ。本来ならば仕事を終え心身を休める場となるべき住居がそうはなっていない現実がある。大の男が相部屋で、見ず知らずの者と二人、三人一緒に暮らせば、気も休まらないのは当然。東電から元請け会社を経由して作業員の福利厚生費は支給されているはずだが、末端の会社はコストとしていかに切り詰めるか腐心するのだ。だから、より安い物件により多くの作業員を詰め込もうとする。

私が経験した「いびきがうるさい」という隣部屋住人からの文句は論外としても、「風呂が長い」「トイレを汚した」「台所を汚した」等、共同生活に伴う苦情や告げ口は日常茶飯事だ。過去には酒にからむ喧嘩もあり、クビとなった者もいるという。だから、アルコールに関しては厳しい。毎日、始業前に簡易アルコール検査器でチェックをし、ミーティングではしばしば「酒は慎むように」と口うるさく言われたものだ。通勤途上の車内で「酒臭かった」と告げ口された者もいたくらいだ。

そんなこともあってか、震災直後は作業関係者で賑わいをみせていたいわき駅前や湯本駅前の飲食店街も、最近では週末を除けばひっそりしているようである。平日は、作業員は翌日の仕事があるので部屋呑みに徹するのだ。小中高生でもあるまいし、この年になって「門限を守るように」などと言われるとは思わなかった。最初は夜一〇時だったはずだが、いつのまにか九時となった。つい時間が過ぎてしまい、寮の裏口から「門限破り」したこともあったが。

酒呑みの私にとって、一日の最大の楽しみは何といっても、帰ってからの晩酌である。朝、現場に行くときから、「今日は何にしようか」などと思いをめぐらせるのだ。でも、殺伐とした寮で、いくら高級食材を使って料理を作っても旨いという具合にはならない。結局、安い食材でいかに飽きずに旨いものを食べるか腐心するのだ。よく人は、「生活レベルを落とすことは難しい」というが、いったん覚悟してしまえば、何のことはない。温水シャワー付トイレから和式トイレへ、エアコンから扇風機へ、ビールから発泡酒へと、最初少し抵抗はあったものの、気の持ちようで昔の生活にタイムスリップすることは容易であることを知った。社長が「ちょっと古いですが、住めば都ですよ」と言っていたが、あながち当たっているかもしれないと思ったものだ。

それでも、たまには「刺身が食いたい」「焼肉が食べたい」と思うことがある。ところが悲しいことに、ここ福島では新鮮で安全な食材がすぐには手に入らない。同僚たちもスーパーに買い物に行って「魚、野菜、肉みんな高くて新鮮ではない」と嘆いていた。そう、原発事故は福島の食生活まで破壊してしまったのだ。魚は仙台や茨城方面の漁港から、野菜も県外産が多く、たまに安い地元産が出るくらい。肉も他県産ばかりで高い。だから、コンビニやスーパーで、出来合いの調理品を買うことが多くなるが、飽きるし栄養も偏ってくるので、簡単な自炊もするようになる。しかし結局は、庶民の味方、もやし、卵、とか便利な千切りキャベツとかに手がいく。それにハムやベーコンを入れて炒めたりサラダにすることになる。炊事場は共用なので、調理は交代で短時間にすることが掟、あまり包丁を使わず、ゴミも出さず、手の込んだ料理などできない環境。毎日、バリエーションを考え、たまには出来合いの揚げ物や刺身なども買って晩酌の時を迎える。基本的に、相部屋でも個人の食事はそれぞれ干渉しないのが暗黙のルールとなる。他の寮では食事担当がいて、何人かで一緒に夕食をとる所もあるようだが、自分的には好きな物をゆっくり食べたい。

就寝時間は早く、夜九時前後くらい。それまでテレビを見て時間を過ごすことが多くなるが、相部屋なので見たい番組も制約される。言った者勝ちなのだが、私の場合チャンネル権を譲ってしまうことが多い。同じ部屋なので消灯時間も気を使うし、夜中のトイレに行くのも音を立てないようにする。朝のトイレも集中するので順番を気にしてする。まあ、光熱費も含め寮費は会社持ちなので、住居への不満はなかなか言えない雰囲気。できるだけ寮にいないようにと外で時間をつぶそうにも、娯楽がない。結局は近所のパチンコ屋で時間と金を費やす人が多くなる。

いわき市内は地価が高騰しているのはわかるが、せめて除染並みの個室の寮を、東電ないし元請け会社は建てるべきだろう。そうすれば食事、風呂、洗濯などの悩みもかなり解消すると思うのだが。

雇用計画

震災後、「福島の復興」を謳い立ち上げたという私の会社だが、全国各地で出張面接を行い、除染やイチエフ作業員を集めてきては、自社だけでなく他の会社に回していたのだ。良く言えば人材派遣と言えないこともないが、実態は違法な「人夫出し」である。

以前はハローワークを通じて求人票を出し募集していたというが、賃金等の条件でなかなか人が集まらず、苦肉の策として各地のフリーペーパーなどの就職誌に募集を出し、福島から面接に出かけることにしたのだ。東北各県はもとより、北陸、近畿、九州までも足を伸ばす。地元の公民館などの施設を面接会場として借りて行う「出張面接」は、希望者がわざわざ福島まで交通費をかけて行かずに済むので、毎回四〜八人くらい来るという。手続き等ですぐ仕事に就けるわけではないが、寮費はかからないうえに、待機中は地元の工場でのアルバイト（日給八千円）を世話してくれるし、給料の前借もＯＫ（給与明細書に「前貸し」という欄がある）なので、生活困窮者は飛びつくのだ。

作業員の足元を見てか、会社は賃金を低く抑える。上司から「自分の給料の事は聞かれても人には絶対に言うな」と私たちはきつく口止めされたが、実際、私の会社で全く同じ仕事をしている仲間でも、一万二千円、一万四千円、一万六千円という日給の違いがあった。震災直後に採用した人、除染の募集で急きょ回された人、社長の知人の紹介で来た人、除染現場から来た人など、採用時期や募集内容で異なってくると、後で知った。同僚のWさんは、「俺たち、金なし、家なしにとっては、ここが最後の仕事場なんだ。年食った俺を雇ってくれるんだから一日一万四千円でも文句は言えない」と自嘲気味に言っていたものだ。

交通費や宿泊費も惜しまず、出張面接するからには、それだけのメリットがなければできない。一人スカウトすれば将来にわたって会社は莫大な利益を手に入れることになる。そう、私ら作業員は金を生む「人財」なのだ。同僚が「ここだけの話だけど」とこっそり教えてくれた。「うちの会社はいわき市内でクラブも経営しているんだぜ」と。創業してわずか二年あまりで、百人近い従業員を抱える私の会社の秘密を知ったような気がした。創業資金もあまりかからず、培ってきた幅広い人脈を活かして、より多く人を集めれば儲かる復興事業に飛びついたのである。

一方、水がより低い所に流れるのとは対照的に、作業員はより賃金の高い所に流れていく。特に除染では、工期が比較的短いので仕事中、次の会社探しをする必要に迫られてくる。だから寮に戻ってから昔の同僚に電話して情報交換する姿が頻繁に見られる。時には、寮の近くでリクルートが行われることもある。

除染の時の話だが、同僚二人で近くの図書館へ建設会社の集団面接を受けに行ったとか。イチエフ構内の作業で日給は一万八千円、寮完備で正式採用は二か月くらい後になると。その場には私が勤めたC社のほか他社から四人も参加して、担当者の話を聞いたという。「池田さんにも声かけようと思ったけど、六〇歳以上は採らないようなことを聞いたので誘わなかった」と同僚のTさんは言っていた。一応彼はその会社にエントリーしたというが、「二か月後といってもっと延ばされるかもしれないし、どういう会社かもわからないから保留だな」と言っていた。もともとその話を持ってきたのは同僚Nさんだった。震災直後から除染作業に入ったNさんは顔も広く、各社の採用情報も詳しい。聞けば、一人あたり結構な金額の「紹介料」がもらえるらしい。冗談とも本気ともつかないが「俺は将来、紹介業で食っていこうかな」とよくもらしていたものだ。

実際、元手のかからない「紹介業」として下請け会社から「のれん分け」して、会社を立ち上げる者もいるという。それだけ旨みがあるということだ。

だが「売り手市場」に見える除染・イチエフ現場でも厳しい現実はある。

よく同僚が「会社は当たりはずれだ。入ってみなくてはわからない」と経験談を語っていた。額面で高い給料を謳っていても、給料明細で諸経費の名目で差し引かれるということもよくあるし、たちの悪い人間しかいない会社もある。だから情報のアンテナを広くし、会社情報を事前にチェックするのだ。一方、会社の方にしても「できない人間」「よく休む人間」は採りたくないので、会社のコネを通じて個人の素性をチェックする。だからNさんのような顔の広い「ブローカー」の存在は両者に重宝がられることになる。

渡り鳥のようだな、とつくづく思う。工期が迫ればハッパをかけられ、休日出勤も命ぜられて働かされ、工期が終わればもうさよならの世界。こんな不安定な環境では、いくら復興のためと言われてもモチベーションは上がらない。入った会社への忠誠心も湧くはずもなく、ただその月の給料を求めて福島県内を渡り歩くことになる。

また一人ましな現場を求め去る浪江の空の渡り鳥のごと
（『朝日歌壇』二〇一四年六月八日掲載）

外国人と女性

年齢構成をみると、おおよそ除染は中高年が多く、イチエフは比較的若い者が多い傾向にある。イチエフで二〇一四年秋に作業員対象に行ったアンケートでは、年齢構成はおおむね一〇代・二〇代が一割、三〇代が二割、四〇代と五〇代が三割、六〇代が一割という結果が出た。私の見た感じもだいたいそんな傾向だ。

性別では、除染は女性が一割弱、イチエフでは皆無に等しいくらい少ない。

外国人は、除染、イチエフともあまり見かけなかった。日系ブラジル人が働いているという噂を聞いたことがあるが、真偽は定かではない。よく「人手不足で外国人をたくさん入れているのでは」と聞かれることがあるが、実際はけっこうハードルが高く、誰でもいいというようにはならないのが現実。放射線管理手帳の取得から、入所教育（A、B）受講など、日常会話だけでなくある程度日本語の読み書きができなくては難しいと思われる。実際に現場に入ってからも、いろいろな周知事項や事前検討会、安全講習会など理解しづらい内容も日常的にある。それでもイチエフでは、防護服の背中にカタカナの外国人名が書いている作業員を数人見かけたことがあるので、皆無とは言えない。

女性に関して言えば、イチエフ構内は一〇〇%と言ってもいいくらい「女人禁制」の現場となっている。ただ昨年秋から入退域所の検査ゲートに女性が何人か入っている。この場所は構内に比べ線量はかなり低いので元請け会社が投入したのだろう。法律的に女性の労働が禁止されているわけではなく、東電、元請け、下請け会社は、コストの面で女性雇用に否定的であると思う。作業員に義務付けられている内部被ばく検査（ホールボディカウンター）は男性三か月ごとに対して女性は一か月ごと（妊娠する可能性がないと診断された場合は除く）とされており、外部被ばく限度も三か月で五ミリシーベルトと厳しくなっている（男性は一年五〇ミリ、五年なら一〇〇ミリ）。それに加え、女性作業者専用の装備品（下着、マスク等）を準備しなければならないだけでなく、更衣室やトイレも新たに設置しなければならない。

放射線管理面からも福利厚生面からも、雇う側からすれば気を使うし、コストもかかると、女性雇用に躊躇していると思える。

確かに母体保護の面から女性雇用については厳格に管理しなくてはならないのは当然だが、コストがかかり扱いづらいからという理由で門戸を閉ざすことは許されないだろう。

イチエフの未来――妄想あるいは夢

イチエフの未来、今はそれを描くことはできないが、私にはいくつかの夢がある。妄想と言われるかもしれないが、私が勝手に描く新しい福島の姿である。

私たち作業員の暮らし、雇用はどうなるだろう。今は七千人が働くイチエフ、二万人以上が働いているという除染現場は、はたして四〇年後、一〇〇年後はどう変化しているだろうか。おそらく除染作業については周辺自治体での作業も終了し、見切り発車ではあれ数年後には収束へと向かうだろう（再び大事故が起きないかぎり）。しかしイチエフの廃炉作業は今後一〇〇年は続くとみて間違いないと思う。そのころ、日本は「原発に依存しない社会」を創りあげているだろうか。

負の遺産として次世代にまで引き継がれるイチエフ、だが歴史遺産にすることはできないだろう。年月が経てば徐々に放射線量は逓減していくだろうが、例えばセシウム１３７の半減期は三〇年で、一〇分の一に減るのには一〇〇年もかかる。イチエフの周辺に建設される中間貯蔵施設は、三〇年の期限を過ぎたら他の場所に移設されるであろうか。いまだ端緒にも立っていない溶融した燃料棒などの取り出し作業が成功したとしても、それをどう処理するのか、さらに四つの建屋の解体、処理はどうするのか、前人未到の挑戦はずっとつづく。

そして私たち作業員は将来どうなるだろうか。原子炉関係の技術者養成を推進すると言われているが、汚染水対策やガレキ処理、その他管理、検査などの業務に要する労働者の数は想像すらできない。将来、この人員確保のために、女性や外国人、さらにはシニアの雇用も検討されていくのだろうか。

いずれにしても、多くの労働者が長く、そして安心して働き続けるためにも、労働条件とともに福利厚生面の改善が必至である。すでに将来を見据えて、周辺自治体にイチエフや研究施設に勤める研究者や作業員向けに大規模の集合住宅を建設する「復興計画」を打ち出している。その隣には帰還した町民向けの集合住宅も建設するという。事故により一度は無人の町となった地域に、元住民と我々新住民が一緒に暮らす新しいコミュニティができるのだ。その集合住宅に下請け作業員も入居できないか、と思う。

朝昼ともコンビニ食、帰れば相部屋という環境で、無用の神経をすり減らす現状を少しでも良くし、長く仕事を続けられるように福利厚生面での改善はぜひとも必要だ。新集合住宅の竣工が定かではない現状の中、私は現存する避難者用仮設住宅や雇用促進住宅を活用できないかと考えている。日にちが経つにつれて、仮設住宅から避難者がいなくなっていくという話を聞く。もちろん避難者用の住宅で、期限付きの仮設だということはわかっているが、入居可能なら入りたいという作業員も多いはず。なにしろ、個室、風呂付、冷暖房付きという住居である。もし、入居することとなったら、私たち作業員は避難者の人たちと進んで交流するだろう。同じ「よそ者」同士、気兼ねなく付き合うことができると思うのだ。

新集合住宅には家族入居も可とすべきだと思う。地元出身ならいざしらず、遠く福島に来て単身赴任を余儀なくされている家族持ちもけっこういるのが現実。家に帰るには交通費がかさむので帰宅は月一回、あるいは盆、正月のみという人もいる。そこで家族持ちには世帯用の住居を提供することができないか。この福島の地で、家族とともに腰をすえて長期の廃炉作業にあたることができればモチベーションも上がるのではと思うのである。

生まれ住んだふるさとを追われ、見知らぬ土地で生きることを選択せざるを得なくなった人びとがいる一方、福島を第二のふるさととして住み始める作業員がいてもいい。職住接近の作業員集合住宅エリアの隣に、帰還した住民たちの公営集合住宅や戸建住宅エリアが現出する、そんな「復興計画」が実現すれば、それは新しい共同体の誕生である。旧住民と新住民の交流が生まれ、お祭りやイベントなどもできればいい。

昔、ここ福島の常磐炭田地帯には炭鉱労働者の住居「炭住」が多く存在した。今度新しく誕生する住宅は、「原住」と呼べばいいか。イチエフに従事する労働者が交流し合う新しい共同体が生まれる、それがひそかな私の夢である。

除染から廃炉作業に身を投じやがて福島がふるさとになる

（『朝日歌壇』二〇一五年五月一一日掲載）

あとがき

3・11から五年という歳月が流れようとしている。チェルノブイリでは事故から五年目の年に法律が作られ、原発処理作業員（リクビダートルとよばれる）と避難住民、帰還者の被ばく量、健康管理を、国が一元的に行うこととなった。法律では、健診は無料、健康状態によってリハビリや保養などを行うという。日本では、いったん離職したら、後は自費で健診し、労災申請をしなければならない現実がある。また、五年間の「集中復興期間」が終了する今、避難者への住宅支援が打切られ、早期帰還が強いられようとしている。「風化」は国が進めようとしているように見えてしまう。

帰京の前日、退所手続きのため同行してくれた地元の先輩が道すがら話したことを、今もはっきり覚えている。「この国はどうなってるんだろうね。俺たちのふるさとをこんなにして、また原発を再稼働させるなんて」と語気を荒げたのだ。以前から東電の下請けで働いてきたが、今は「東電や金のためじゃない。ふるさとのためにと思って働いているんだ」と矜持を語るその姿に胸が熱くなった。

はたして、このふるさとは一〇〇年後どうなっているだろうか。私たち作業員はこの地でまだ汗を流しているだろうか。

福島での一年あまりの仕事に区切りをつけ戻ってきた東京の街は、色とりどりのＬＥＤの光にあふれていた。以前と同じ光景のはずだが、なぜか同じ国とは思えないような印象に戸惑う自分がいた。福島で暮らし、働いた眼には、この光は色あせて見えてしまうのであった。

イチエフには色がなかったと思う。しいて言えば、白。無機質な建屋やタンクのくすんだ色より、外で働く無数の作業員の保護衣の白色が印象として残る。巨象に立ち向かう白アリのようだと思ったりしたものだ。

天然色あふれる里山に囲まれて除染作業をした浪江町とはまるで違う景色だった。空には色とりどりの野鳥が飛び、満開の桜の下には野花が咲き乱れていた。東京で輝く人造色とも違う豊かな自然の中で、はたして住民は戻ってくるのか、と自問しながら、毎日草を刈り続けた。

いったん事故が起これば ふるさとも人も破壊される現実を目の当たりにして、どうしていま再稼働しなければならないのか、信じられない気持ちでいっぱいになる。

作業員と言われる私たちは、縁の下の力持ちのように帰還のための労働力として投入されている。しかし作業服や防護服に覆われた生の顔や声はなかなか表には出てこなかった。いったい今後五〇年間で何百万人の作業員が必要とされるのであろうか。みんな被ばくへの漠然とした不安を抱きながら働く。次々と新たな被ばく者を生み出していく国家事業。

五年という節目を迎える今、沈黙していた作業員たちも自分たちの声をあげる時がきたと思う。日常の労働条件や福利厚生とともに、生涯の被ばくへの保障も含め、問題点を洗い出し、安心して働ける職場環境に変えなければならないと思うのだ。

それには、まず多重下請けという構造を根本から改めることが求められる。営利を追求する事業ではないので、国が一括して管理する組織と働く者の身分保障が必要である。

ものが言えない現場はいずれ疲弊する。細分化された作業員どうしの横のつながり、交流の場が欲しい。みんなが自由に参加できる娯楽やスポーツイベントなどもあればいい。

通勤対策も考えて欲しい。毎週のように通勤途上での交通事故の報告がされるが、一日数千台もの作業車や通勤車が国道六号線に集中すれば渋滞も交通事故も起こるというもの。ここは長期戦を覚悟してイチエフ直行の鉄道線（モノレールでも）の建設も検討してはどうか。現在はＪヴィレッジ経由でシャトルバスに乗り換えて通勤しているが、直通の鉄道線ができれば時間もコストも減らすことができるだろう。

福島から戻ると、遠い異国から帰ってきたかのように、「中の様子を聞かせてください」といろいろな人に尋ねられた。高い塀に囲まれ、外界から遮断されたイチエフは、まるで鎖国状態のようである。中で起きたことはなかなか外部には伝わらない。福島の地を離れて新たに見えてきたものもある。

「伝えなければならないことがある」。新鮮な驚きの毎日を、個人の記憶にとどめてはならないと思い、執筆を始めた。中で働いた者が体験した実際の除染・廃炉作業の実態を自分なりの言葉で発信したいと思った。生身の作業員の労働実態を伝え、少しでも働きやすい職場になればという一心で書いたつもりだ。

初めからルポを書くつもりで入ったわけではないので、毎日の出来事を日記として記録してはいなかった。記憶を一つひとつ掘り起こしながら、一緒に働いたみんなの顔を思い浮かべて書きつづった。それは除染中にはらはらと降り注いできた浪江の桜の花びらを見て、短歌が「降ってきた」感覚と似ていた。

東北に寒波が押し寄せるというニュースが流れると、今みんなどうしているんだろうと仲間の顔を懐かしく思い出す。この季節、凍った構内の道ですべって転んだこともあった。夏は保冷材を入れたクールベストを着たのでいくぶん暑さがしのげたが、真冬は使い捨てカイロなどなく、寒空の下、震えていたこともあった。だから夏より冬の方がつらいな、と言っていた仲間もけっこういた。

こんな寒い日も暑い日も、一緒に働き暮らした仲間たちの喜怒哀楽をもっと書きたかったという思いもある。

福島で働きたいという一念で飛び込んだ素人の私を支えてくれたすべての方々に心から感謝する。本書が福島で働く原発作業員を笑顔にするための一助となれば、このうえない幸せである。

二〇一六年二月一日　池田　実

著者　池田 実（いけだ　みのる）

［著者略歴］
1952年　東京生まれ。
1970年　郵便局に就職
2013年　定年退職
2014年　福島県浪江町で除染作業に従事
2014年～15年
福島第一原発で廃炉・収束作業に従事

福島原発作業員の記

2016年 2 月22日　第 1 版第 1 刷発行
2019年 5 月22日　第 1 版第 3 刷発行
著　者　池田　実
発行所　株式会社八月書館
東京都文京区本郷 2 - 16 - 12　ストーク森山302
TEL 03 - 3815 - 0672　FAX 03 - 3815 - 0642
郵便振替 00170 - 2 - 34062
装　幀　柊　光紘
印刷所　創栄図書印刷株式会社

ISBN978 - 4 - 938140 - 92 - 2

定価はカバーに表示してあります